第3版

基礎 電気・電子回路解析

五福明夫・芝軒太郎 著

大学教育出版

はじめに

　今日のコンピュータ技術を支える基礎となったトランジスタが発明されて以来 60 年が経とうとしています．この間，小電力回路においては，ダイオードとトランジスタを基礎としてオーディオ回路と通信用回路が発達するとともに，集積回路（IC）技術の確立と発展による電子機器のマイクロ化と高性能化が進みました．すなわち，デジタル IC 技術に見られるデジタル回路のモジュール化と，理想的な増幅器としてのオペアンプの登場によるアナログ信号処理技術の高度化により，比較的安価に多機能で高性能な電子回路が容易に設計できるようになりました．最近では ASIC 技術として，その技術進展の流れは引き継がれています．その成果の一部は，コンピュータのダウンサイジングと高速ネットワーク技術の発展を促し，パソコン，携帯電話，AV 機器やその他の身の回りの電子機器として私達の活動を支えています．

　コンピュータ技術にあっては，トランジスタ回路のようなアナログ回路は日陰に追いやられた感がありますが，パソコンのクロック周波数が 3 GHz を超えるようになり，著者が数十年前に学んだ信号の周波数が 50 MHz を超えると高周波回路との感覚からすると，それを遥かに超える周波数で動作する電子回路は，論理回路（デジタル回路）であってもアナログ回路の設計のセンスが必要と言われています．もちろん，最近の高性能な電子回路の設計には，各種の電子回路をコンピュータシミュレーションするソフトウェアや回路設計用のコンピュータツールを駆使していますので，設計のための煩雑な回路知識やノウハウをすべて理解する必要はなくなっていると言えます．しかしながら，電子回路の設計には，

(1) 必要な回路動作（機能）を達成するための回路要素の選択と組み合わせの構成，
(2) 性能とコストを勘案した適切な電子部品の選択，
(3) 入力と出力の関係に着目した回路動作表現とそれに基づいた解析

が重要であることには変わりありません．特に，カタログ的に編集された電子回路集を参照して設計した回路の性能を定性的にであっても解析により評価できる（評価する方法を理解している）ことは，回路の高性能化とトラブル対策に役に立つと信じています．解析自体は複雑であっても，その基礎となる原理や法則はそれ程難しくはありません．むしろ，電子部品の特徴やモデルの限界を配慮した気配りのある緻密な思考が要求されます．

　本書では，本格的に電子回路を学ぶための基礎的な考え方を理解したい読者を対象にして，独習できる教材となるように心掛けました．これは，熱力学を大学では学んだことのない著者が研究上の必要性から熱伝導や熱伝達について独習する必要に迫

られたとき，分厚いが非常に読みやすい英語のテキストに出合ったときに受けた衝撃に基づくものです．最近では工夫した日本語のテキストも多数出版されるようになってきましたが，著者が大学のテキストで学んだときには，

(1) 一度出てきた用語や公式は決して繰り返して説明されない，

(2) 読者に数学知識を要求し，数式の変形，変換はあまり丁寧に記述されていない

ことに対して，非常に不満を感じていました．ところが，その英語のテキストでは，記述は多少は簡略化されるものの専門用語や公式は出てくる度に説明され，数式の変形も丁寧でありました．必然的に分厚いテキストとなり値段も高くなっていましたが，どこから読んでも説明が直ちに理解でき，読み進む進度も速く次も読んでみようとの意欲が湧いてくるのを感じました．このような印象を読者に与えるようなテキストがあればと常々感じていたところに，システム工学を専攻する学部学生に対して電子回路関連の講義を担当することとなり，何年も前から少しずつ内容を充実させてきた講義資料をまとめたものが本書です．執筆に際して心掛けた点は，

(1) できるだけ平易な文体にする，

(2) 考え方や回路の動作原理をできるだけ丁寧に説明する，

(3) どの章も単独で読めるようにする，

(4) 数式の変形，変換を丁寧に記述する

ことです．なお，キルヒホッフの法則やトランジスタの特性等の一部の基礎的事項以外は，複数の個所で出てくることはありませんでしたので，用語や公式の説明の繰り返しはそれ程多くはありません．また，著者の専門知識と執筆における力不足のために，記述の誤りがあるかもしれませんし，まだまだ不満な点も多いです．本書を初学者にも理解しやすいテキストとするために，読者からのご意見とアイデアをいただければ幸いです．

　本書が，これから電子回路を学ぶ学生あるいは若手技術者の道しるべの 1 つになれば，著者としてこれに勝る喜びはありません．最後に，本書で用いた回路の多くの選定にあたっては，参考文献を参考にさせていただきました．先輩諸氏の業績に敬意を表します．また，多くの記述上の誤りのあった本書の暫定版を用いた拙い講義を熱心に聴講し，講義アンケート等でも本書の早急なる完成への期待を表してくれた学生諸氏に感謝します．

2005 年晩夏

著者

第3版に向けて

2005年発刊の初版に対する2014年の改訂では，電子回路のディジタル化とLSI化を背景とした基本ディジタル回路の章の追加と，電気用図記号の新記号への移行に対応した回路図の修正を行いました．この改訂第2版では，歴史的な発明であるトランジスタを用いた小信号増幅回路も時代遅れながらも扱っていましたが，すでに小信号に対してはオペアンプ回路が用いられるようになって久しくなりました．その一方で，従来から精力的に研究・開発されてきましたロボット技術が実用段階となってきています。また，自然現象や人工物の状態を検知して主にアナログ信号に変換するセンサの小型化・高度化によって，様々に活用されてロボット，機械システムの性能の向上が図られています．高速な演算や論理処理はディジタルコンピュータで行われ，ロボットなどの動きの発生源として種々のアクチュエータが用いられますので，アナログ信号をディジタル信号に変換したり，逆にディジタル信号をアナログ信号に変換したりするための電子回路が重要となってきます．

そこで，今回の改訂ではトランジスタによる小信号増幅回路は削除することとして章や節の構成を少々変更し，アナログ－ディジタル変換回路の章（第10章）を設けて，新たに加わっていただきました，メカトロニクスシステムをご専門とする芝軒太郎氏にご執筆いただきました．

工学における技術の進展は速く，本改訂においても時代遅れの内容が多いと思いますが，新しい知的な機械システムやロボットの創造のためには，必要な電子回路を基本的な電子部品からでも設計，製作できるだけの能力が必要と考えております．本書第3版が基礎的な電子回路設計能力の獲得に少しでも役に立てば幸いです．

2022年1月5日　五福　明夫

改訂第3版の第10章は，普段それとなく利用しているカメラやマイク，スピーカーで利用される回路が，抵抗など単純な電子部品やその組み合わせで表現できることを読者の皆様に知っていただきたく，少しでもわかりやすい説明を提供できればと思い，このような貴重な機会に執筆させていただきました．私自身講義等で用いられるいわゆるテキストとしては初の出版物となり，感慨深いものがあります．本章では私が学生時代に感銘を受けた各種著書を参考にいたしました．それら著者の皆様にもこの場をお借りして感謝申し上げます．

2022年1月5日　芝軒　太郎

目　次

第1章　電気・電子回路解析の考え方

　この章では，電気回路や電子回路を解析したり設計したりする場合の基礎となる考え方を説明します．すなわち，

(1) 電圧や電流といった電気回路や電子回路における基礎的な用語，
(2) 解析のためのモデル，そして，
(3) 回路部品の選択の考え方

を説明します．特に，考え方(2)では，電子回路の理想的な振る舞いを表す理論モデルとともに，近似的な振る舞いを表す近似モデル（等価回路）とその利用にあたっての留意事項を強調します．また，考え方(3)では，実際の回路を構成する場合に重要となる，理論的に解析された振る舞いを適切に実現するための回路部品の選択の考え方を説明します．

1．1　電気回路，電子回路での基礎的概念

　電気回路や電子回路（以下，単に回路と表す）はどのようにして動いているのでしょうか？　動作中の回路を眺めてみても，我々が感じることのできることは，ちょっと温かい（パソコンの CPU と呼ばれる LSI では熱い！）ことと，なんとなく音を感じること位だと思います．実際には，回路中を電子が駆けめぐって様々な現象を起こすことにより，回路の設計者が仕込んだように動作しています．どのような回路を構成すれば，どんな動作をさせることができるか，また，どんな性能を出すことができるかについては，この本の第2章以降でも基本的な回路をいくつか紹介します．

　回路には電源が必要であり，日本での家庭用の電気配線は，通常は交流 100 V であり，パソコンなどのディジタル機器には直流 5 V が主に供給されていることはご存じのことと思います（もっとも，消費電力を下げるため，CPU の供給電圧は直流 3.3 V あるいはもっと低い電圧が主流となってきていますが）．この電圧によって電子の流れが形成され様々な現象を回路中に起こしています．電子の流れは，別名，**電流**と呼ばれます．単位は A（**アンペア**）です．ただし，科学の歴史上の経緯があり，電子の流れと電流とは向きが逆に定義されています．乾電池（出力電圧：直流 1.5 V）にモータを接続した回路を想像してみましょう．電流は乾電池の＋極からモータを通り－極の方向に流れとして定義されます．しかしながら，実際の電子の流れは，乾電池の－極からモータを通り＋極に至る流れとなっています．このように，電流と電子の流れの向きが逆に定義されていることは，初めて電気，電子回路を学ぶ者を混乱させる

1

原因の一つですが，歴史上の偉大な科学者に敬意を表してこのまま用いられています．次に，乾電池を直流３Ｖのものと取り替えてみましょう．モータの回転は勢いよくなりますね．これは，風車が風の流れが強くなるとよく回るのと同じように，勢いよく電子の流れ（電流）が流れるためだと解釈できますね．このように，**電圧**は電流（電子の流れ）を流す力と言えます．その大きさが数値で表されているわけです．単位は**Ｖ（ボルト）**です．なお，乾電池などの電気を発生する機器においては，発生する電圧を**起電力**と呼びます．

　上の説明から想像されるように，回路中の電流は水路における水の流れ（水流）と類似しているため，

　　　電圧　＜--＞　　水圧
　　　電流　＜--＞　　水流（水の流れ）

と対比されて説明されることがよくあります．

　電圧によく似た用語に**電位**があります．よく電圧と混同して用いられますが，電圧が回路内の２点での電流を流す力の差であるのに対して，電位は回路内の１点と基準点での電流を流す力の差です．よく似た概念に，海抜高度と高さがあります．山の頂上が見えている場所で，「あの高い山の高さは？」と聞かれると，例えば，「500 m」と答えますね．これは，山の頂上と地面の位置との高度の差ですね．すなわち，２点での高度の差ですね．一方，「富士山の高さは？」と聞かれると「3776 m」と答えますね．たとえ，冬の空気の澄んだ日に新宿の高層ビルから富士山を眺めている場合でも．この場合の高さは海抜高度を意味しますね．海抜高度は平均海面を基準に測った高度でしたね．すなわち，富士山の頂上と基準高度との高度の差ですね．では，電位の基準点はどこに在るのでしょうか？　答えは，大地です．このため，電位の基準点は**アース**（earth）と呼ばれています．そして，大地との電流を流す力の差を電位と定義しています．従って，大地の電位は０Ｖとなります．海面の海抜高度は０ｍと同じですね．ビルの高さが100 mであることを知っている人が，富士山の高さを聞かれた時に3676 mと答えると，質問者は混乱するように，電圧と電位を混同すると混乱の元です．日常会話ではあまり厳密に言葉を選ぶ必要はありませんが，専門用語は厳密に用語の使い分けをしましょう．

　さて，家庭用の電気配線には交流電圧が供給されていますが，乾電池の起電力は直流です．直流や交流の用語は電流に対しても用います．すなわち，抵抗をつないだ場合に回路を流れる電流は，乾電池につないだ場合には直流電流となり，家庭用配線につないだ場合には交流電流となります．直流と交流はどこが違うのでしょうか？　これは，電圧の時間的な振る舞いが異なっています．**直流**では電圧が時間的に変化せず

2

に一定です．これに対して，**交流**では図 1.1-1 のように，電圧が時間的に変化し，そして，交互に＋と−になります．時間的振る舞いに対しては，**脈流**という用語も用いられます．これは，図 1.1-1 のように，符号は＋か−のどちらかであるが，電圧や電流の大きさが時間的に変化する場合です．血液の脈（血圧や血流）の時間変化をグラフに表すとこのような形となることから脈流と名付けられました．

　家庭用の電気配線には正弦波形の電圧が供給されています．その場合には，どの位の頻度で＋と−が入れ替わっているかを示す指標が必要です．これが，**周波数**で表されています．単位は Hz（**ヘルツ**）です．1 秒間に＋と−が 1 回ずつある正弦波は 1 Hz です．明治維新後，電気機器を導入した時の経緯から，西日本では 60 Hz，東日本では 50 Hz となっています．

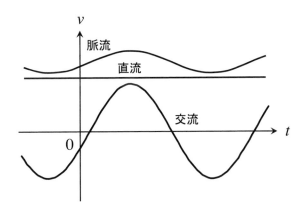

図 1.1-1　直流，交流，脈流の電圧波形

1．2　解析モデルと等価回路

　電気回路や電子回路を設計するためには，まず，どのような振る舞い（動作）をさせるかを考えなければなりません．例えば，ディジタル IC のための電源回路を考えてみましょう．日本での家庭用の電気配線では，通常，交流 100 V の電圧が供給されていますね．また，ディジタル IC の駆動に必要な電圧は，通常は，直流 5 V です．詳しくは電源回路の章で説明しますが，交流 100 V から直流 5 V を生成するには，

(1) 電圧を 8 V 位まで下げ，
(2) 交流を脈流に変換（整流：−側がないようにする）し，
(3) 脈流をほぼ直流に変換（平滑：電圧がほぼ時間的に変化しないようにする）した後，

(4) 定電圧回路（三端子レギュレータと呼ばれる IC を用いるのが手軽）により

5 V の一定電圧にします．それぞれの段階には基本的な回路がいくつかありますが，多数の構成方式のある段階もあります．そのどれが最も適切であるかは，電源回路に要求する性能によってある程度決まってきます．しかし，要求する性能を本当に発揮できるかは，解析によって評価するのが通例です．勿論，最終的には試作して性能を評価します．

　解析によって評価するためには，解析対象（今の場合は電源回路）を数式で評価できる形式で表現する必要があります．この解析対象の表現を**モデル**と呼びます．例えば，回路部品とそれらのつながりを記号的に表現した**回路図**も一つのモデルと考えることもできます．それは，抵抗器をその抵抗値で表現するように，回路部品そのものではなく回路部品の性能を数値化して表現しているからです．第 2 章で説明しますように，抵抗器にもさまざまな種類のものがあり，適切な抵抗器を用いないと期待する性能が出ません．

　回路部品をそのもので表現するのではなく，数値化や記号化したことによって何が変わっているのでしょうか？　それは，ある意味で理想的な振る舞いを仮定したことになっているのです．例えば，回路部品をつなぐ導線は理想的には抵抗がありませんが，現実にはわずかな抵抗があります．また，2 本の導線が平行して配線されると，わずかな容量分（コンデンサとしての働き）が現れます．電子は非常に高速に回路内を移動しますが，その速度は無限大ではありません．最新の CPU では 1 GHz 以上の非常に大きな周波数で動作していますが，ここでは 1 周期の間に電子はせいぜい数十cm しか移動できません．そのため，導線内での遅延時間が安定した動作の点で問題となっています．このように，回路図と現実の回路とは，ほとんどの場合には同じものと考えてよいのですが，別物と考えなければならない場合もあります．一般にモデルは，対象をある仮定の下で模擬的に表現したものです．従って，**モデルには適用限界が存在**します．我々は，それを常に念頭に置いて，モデルを利用するように心がけなければなりません．モデルの適用限界は，

(1) モデルを構成する時に無視した事項（例えば，導線の抵抗），
(2) モデルを構成する時に仮定した事項（例えば，信号の波形は正弦波），

などにより変化します．例えば，電気機器や電子機器の電源部からの電源配線では通常は無視しても差し支えない配線抵抗や配線容量は，発電所から家庭に至る伝送線路では無視できないため，図 1.2-1 のようなモデル化がよく行われます．このモデルにおいても，実際には連続的に分布する配線抵抗や配線容量をある距離区間の伝送線路

ではまとめて表現し，これが直列に接続されたものとして扱うことで離散的に表現しています．解析の目的を満たす精度の結果を得るためには，距離区間を適切に選ぶ必要があります．

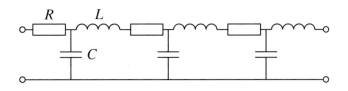

図 1.2-1　伝送線路のモデル

　さて，回路の解析では，解析の目的や場面に応じて妥当な結果を得るために，**等価回路**と呼ばれる回路が用いられます．特に，トランジスタ回路の解析では，トランジスタの特性が複雑なために様々な等価回路が考えられて用いられています．

　また，電子の流れは見えませんので，回路解析においては，中身が見えない**ブラックボックス**のように回路を扱う場合も多いです．すなわち，回路には入力端子が 2 つ（＋側と−側）あり，出力端子も 2 つありますので，図 1.2-2 のように，箱の両側に 2 本の線を出した形で表現し，入力と出力の関係のみを数式で表現するという扱いをします．要は入力と出力の対応関係のみを考慮するという考え方です．途中を省略して大丈夫かと心配する人もいるかもしれませんが，似た考え方は日常生活でごく当たり前のように用いています．例えば，テレビの動作原理を知っている人は少ないと思いますが，番組を見る操作は『電源スイッチを「入」の位置に設定してチャンネルダイアルを所望のチャンネルに合わせる』という説明で大抵の人に理解してもらえます．これは，操作（入力）と結果（出力）の関係としてテレビをモデル化しているからです．

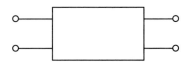

図 1.2-2　4 端子回路としての電子回路の表現

この節ではいきなり少し抽象的な話をしましたが，

(1) モデルには完璧なものはなく，

(2) モデルを利用する場合には，その制限事項に注意を払う必要がある

ことをしっかり頭に入れておいて次章以降を学んで下さい．

1．3　適材適所：回路部品選択の考え方

　本書では回路解析の基本的手法を説明しています．しかしながら，その目的は回路を設計して製作することです．前節で説明しましたように，回路図は一つのモデルです．完璧ではありません．また，次章で説明しますように，抵抗器にも様々なものがあります．回路図が設計出来た時，回路図上のそれぞれの抵抗にどの種類の抵抗器を使用するかにも注意を払わなければなりません．選択が不適切ですと，解析結果では所期の性能が発揮されるはずのところが，実際に製作してみるとその性能が出ない場合や時には動作すらしない場合があります．回路部品の構造や動作原理をよく把握して，**適切な性能を持つ部品を選択**しなければなりません．

　また，すべての場面で理想的な性能を発揮する部品は，値段が高いのが通常です．例えば，抵抗値の誤差が 50 ％あってもよい抵抗に，1 ％以内の誤差が保証されている抵抗器を用いる必要はありません．むやみに高性能な部品を用いるのではなく，**回路の性格や要求される性能を勘案して安価な部品を選択**するといった工学的な判断も必要です．

第2章　基本電子回路部品

この章では，基本的な電子回路部品として，

(1) 抵抗,
(2) コンデンサ，そして,
(3) コイル

を説明します.

2．1　抵抗

2.1.1　オームの法則

抵抗は大変身近な回路部品ですが，回路の根幹を成す部品でもあります. **物質の両端に電圧 V をかけると物質には電流 I が流れその電流は電圧に比例すること**，すなわち,

$$I = \frac{1}{R}V \tag{2.1-1}$$

は，**オームの法則**として知られています. そして，式(2.1-1)の係数 R を**抵抗**と呼びます. 抵抗の単位には，Ω（**オーム**）が用いられます. $1\,\Omega$ とは，$1\,V$ の電圧を両端に印加したときに $1\,A$ の電流が流れる抵抗です.

2.1.2　合成抵抗

複数の抵抗を直列や並列に接続した場合の全体の抵抗を**合成抵抗**と呼びます. 2本の抵抗 R_1 と R_2 を図 2.1-1(a)のように，直列に接続した場合の合成抵抗 R は,

$$R = R_1 + R_2 \tag{2.1-2}$$

で与えられ，図 2.1-1(b)のように，R_1 と R_2 を並列に接続した場合は,

$$\frac{1}{R} = \frac{1}{R_1} + \frac{1}{R_2} \tag{2.1-3}$$

すなわち,

$$R = \frac{R_1 R_2}{R_1 + R_2} \tag{2.1-4}$$

で与えられます．例えば，2本の抵抗の値が等しい場合には，合成抵抗は直列接続では2倍に，並列接続では1/2になります．なお，並列接続での合成抵抗は，回路図等で$R_1 /\!/ R_2$と表現される場合もあります．

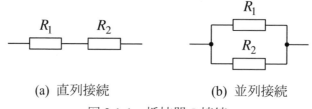

(a) 直列接続   (b) 並列接続

図 2.1-1　抵抗器の接続

（**問題 2-1**）図 2.1-2 の抵抗回路における合成抵抗を求めよ．

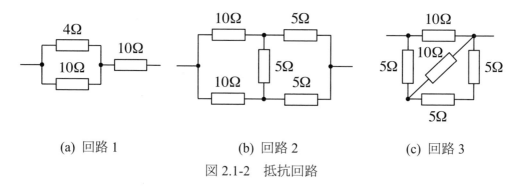

(a) 回路 1   (b) 回路 2   (c) 回路 3

図 2.1-2　抵抗回路

（**問題 2-2**）図 2.1-3(a)のY（ワイまたは star と読む）接続と(b)のΔ（delta）接続の抵抗回路が等価（各端子間の抵抗が等しい）になるように，R_1，R_2，R_3 と R_{12}，R_{23}，R_{31} の関係を導け．

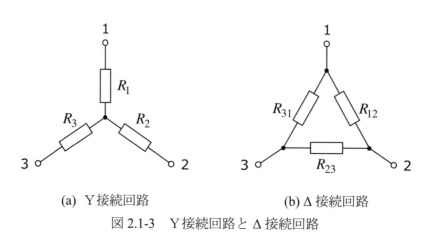

(a) Y 接続回路   (b) Δ 接続回路

図 2.1-3　Y 接続回路と Δ 接続回路

8

2.1.3　抵抗の使い方

抵抗の使われ方は，大きく分けて

(1) **電流制限**，

(2) **分圧**，

(3) **電流検出**，および，

(4) コンデンサと併用して**フィルタ回路**

の 4 通りの場合があります．ここでは，使用法の(1)から(3)について，それぞれ，簡単に説明します．なお，なお，使用法(4)のフィルタ回路については，第 5 章で説明します．

(a)　電流制限を目的とする抵抗器の使用

電流制限の使用法で分かり易い例は，発光ダイオードを点灯させる回路です．この回路では，図 2.1-4(a)に示すように，発光ダイオードに直列に抵抗器を接続します．発光ダイオードは第 6 章でも説明しますように，比較的低電流で高輝度の発光が得られ，発光光度は発光ダイオードを流れる電流にはあまり依存しません．しかしながら，発光ダイオードに流せる電流には制限値があります．そこで，発光ダイオードに直列に抵抗を接続することによって，発光ダイオードに流れる電流の値を制限します．回路の両端に加える直流電圧を V としますと，発光ダイオードの両端での電圧降下 V_D を考慮して，発光ダイオードに流れる電流 I_D は，

$$I_D = \frac{V - V_D}{R} \tag{2.1-5}$$

となります．抵抗 R は I_D が発光ダイオードに流せる最大電流以下になるように決めます．なお，V_D は発光ダイオードの種類で異なりますが，$0.6 \sim 0.8\,\text{V}$ 程度です．

(b)　分圧を目的とする抵抗の使用

分圧する場合の使用法は，図 2.1-4(b)のように，2 本の抵抗を直列に接続して両端に電圧をかけ，一方の端子と 2 本の抵抗の間から電圧を取り出します．図の場合には，取り出された電圧 V は，

$$V = \frac{R_2}{R_1 + R_2} V_{CC} = \frac{1}{R_1/R_2 + 1} V_{CC} \tag{2.1-6}$$

となります．このように，取り出される電圧は 2 本の抵抗の値そのものではなくそれ

らの比で決まります．また，値が小さい抵抗を用いますと，2本の抵抗での主に発熱となって消散する消費電力が大きくなり得策ではありません．電流が大きな回路に対する電圧変換にはトランスを用います．

(c) 電流検出を目的とする抵抗の使用

　電子回路においては，信号は電圧として伝達するように設計するのが通常です．しかしながら，トランジスタは電流を増幅します．すなわち，トランジスタの出力信号は直接的には電流の大きさとして得られます．これを電圧に変換して次の信号処理段に伝えるために，抵抗が用いられます（図 2.1-4(c)）．動作原理はオームの法則です．抵抗を挿入することによって，抵抗を流れる電流値に比例した電圧が得られます．

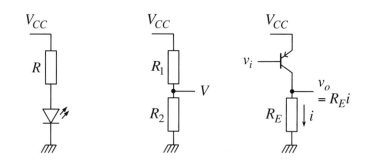

(a) 電流制限　　(b) 分圧　(c) 電流から電圧への変換

図 2.1-4　抵抗の使い方

2.1.4　抵抗の種類

　抵抗には多くの種類があります．抵抗値が固定かどうかで**固定抵抗器**と**可変抵抗器**に分類できます．固定抵抗器では温度や加えられた電圧によって抵抗が変化することは好ましくありませんが，逆に温度などの変化によって抵抗が大きく変化するようにした**特殊抵抗器**もあります．

(a) 固定抵抗器

　固定抵抗器には，小型炭素皮膜抵抗（塗装型），ソリッド抵抗，金属皮膜抵抗（塗装型），金属皮膜抵抗（薄膜），金属箔抵抗，金属酸化物皮膜抵抗，巻き線抵抗，ホウロウ抵抗，金属板抵抗などがあります．

　小型炭素皮膜抵抗（塗装型）は，国内でもっとも一般的で安価な抵抗です．これは，セラミック棒に炭素系の抵抗体を焼き付けて螺旋状に溝を切って目的の抵抗の値に

したものです．この抵抗は，温度係数が大きくしかも抵抗の値によって異なっており，精密な用途には適していません．また，ノイズの点で微小信号を扱う回路にも適していません．

ソリッド抵抗は，炭素と樹脂材料などを練って細い棒状にして電極を付けて焼き固め，樹脂モールドしたものです．信頼性が高く絶縁性にも優れ，高圧パルスによるアーク放電が起こりにくい特長を持っています．しかし，抵抗の値の誤差が大きく，また，抵抗体の結晶粒界面に起因するノイズが大きいという欠点がありますので，微小信号回路やオーディオ回路には向いていません．以前はよく用いられた抵抗ですが，最近は入手しにくくなっているようです．

金属被膜抵抗（塗装型）は，セラミック棒に金属皮膜を蒸着または焼結させて螺旋状に溝を切って目的の抵抗の値としたものです．温度係数が小さく精度が高い特長があり，豊富な抵抗の値の製品が比較的安価に提供されています．精度の必要な一般のアナログ回路に用いられています．

金属皮膜抵抗（薄膜）は，セラミック基板に金属を蒸着して抵抗パターンを形成して目的の抵抗の値としたものです．温度係数が大変小さく精度も高く，また，ノイズも小さいといった特長があります．精度の必要なアナログ回路や微小信号回路に用いられています．

金属箔抵抗は，セラミック基板に合金金属箔を接着し，エッチング後，電極を付けてレーザでトリミングして製造します．温度係数が非常に小さく高精度であり，ノイズも理論値に近いといった特長を持っています．極めて高精度を要求される計測回路や微小信号回路で用いられています．

金属酸化物皮膜抵抗は，セラミック棒に金属酸化物（錫およびアンチモン）皮膜を付けて螺旋状に溝を切って目的の抵抗の値としたものです．形状の大きな割に大きな電力を扱え，価格も比較的安価です．中電力回路で一般的に用いられています．

巻き線抵抗は，セラミック棒に抵抗線（マンガニン線やニクロム線など）を巻き付けたものです．抵抗の値は抵抗線の種類や巻き数で調整します．低抵抗で大電力のものが得られますので，一般的な電力回路や高精度電力回路で用いられています．ただし，抵抗線を巻くという構造から，インダクタンス分（コイルとしての働き）に注意する必要があります．

ホウロウ抵抗は，セラミックのパイプに抵抗線を巻いて，その上にホウロウ膜を形成したものです．高温に耐えることができますので，大電力回路で用いられています．巻き線抵抗と同様にインダクタンス分に注意する必要があります．

金属板抵抗は，板型の金属の抵抗ユニットをセラミック製のケースに入れて封入したものです．特に低抵抗の製品が得られ，また，不燃性のケースで被われているので

高温でも発火しない特長があります．電流検出回路や電流制限抵抗に用いられています．なお，低抵抗では配線抵抗にも注意する必要があります．

(b) 可変抵抗器

可変抵抗器は使用目的や構造によっていくつかに分類されます．まず，機器の外部につまみが出ていて抵抗を調節することを目的としたものは，狭義の**可変抵抗器**と呼ばれています．これに対して，機器内部に組み込まれていて容易には調節できないものは**半固定抵抗器**と呼ばれます．狭義の可変抵抗器のうち，音量調節などに用いられるものは**ボリューム**と呼ばれ，軸の回転角に対する抵抗の精度が良く多回転型つまみで調整するものは**ポテンショメータ**と呼ばれています．半固定抵抗器のうち，基準電圧設定用のように調整後は白ペンキなどで抵抗の値を固定してしまったものは**トリマ・ポテンショメータ**，あるいは，単に**トリマ**と呼ばれています．

可変抵抗器で考慮すべき特性には，

軸の回転方向，
可変特性，
摺動雑音，
摺動寿命，
湿度特性

があります．これらのうち，**可変特性**とは，軸の回転角と抵抗の変化を表すもので，図 2.1-5 のように，直線型（B 型），対数型（A，D 型），逆対数型（C，Reversed D，E 型）のものが製造されています．音量などの調節では，聴覚は音量に比例せず対数的ですので対数型のものが用いられています．

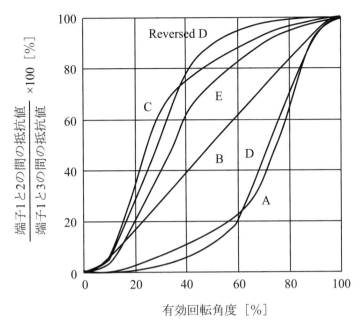

図 2.1-5　可変抵抗器の可変抵抗特性

　可変抵抗器には抵抗体の材質により，炭素皮膜型可変抵抗器，コンダクティブ・プラスティック（CP）型可変抵抗器，サーメット型可変抵抗器，巻き線型可変抵抗器などがあります．

　炭素皮膜型可変抵抗器は，構造が簡単で作り易いのが最大の特長です．合成樹脂等の基板に抵抗インクを塗布して両端に端子をつけるとともに，摺動子を抵抗体塗布面にあてて抵抗を変化できるようにしたものです．摺動子が接触する抵抗体塗布面は保護されていませんので，温度や湿度の影響を受け易いのが欠点です．主に，民生機器に用いられています．

　コンダクティブ・プラスティック（CP）型可変抵抗器は，プラスチックと炭素を混合したものを抵抗体としたもので，抵抗体表面が鏡のように滑らかなため摺動雑音レベルが低く摺動寿命も長いのが特長です．ただし，摺動子の接触抵抗が大きいことと，水分が抵抗体表面（特に導体部分）に付着すると短絡する場合があることに留意する必要があります．

　サーメット型可変抵抗器は，分解能が高く，100 MHz 以上の高周波特性に優れており，耐湿特性が良く，温度係数も小さく，高温に耐えるという特長があります．また，次に述べる巻き線型と比較すると性能の割に安価です．しかしながら，炭素皮膜型よりは耐久性が悪く，低電流で使用する場合には摺動子の接触抵抗が変化して不安定になるという欠点があります．

巻き線型可変抵抗器は，金属細線を円筒形の支持台に巻き，摺動子を巻き線の露出部に接触させたものです．温度特性が良く，接触抵抗が小さく，熱に強く，長期安定性や信頼性に優れており，摺動寿命が長く，摺動雑音レベルが低いといった特長があります．ただし，その構造から高抵抗値のものは製造できず 500 kΩ 程度が限界であり，高周波ではコイルとしての特性が現れることや，価格が高いといった欠点があります．

(c) 特殊抵抗器

　温度によって抵抗が大きく変化する抵抗（熱敏感性抵抗器）には，サーミスタや白金温度センサがあります．

　サーミスタは Thermally Sensitive Register（熱に感じやすい抵抗体）の総称です．温度の上昇により抵抗値が減少する NTC（Negative Temperature Coefficient）サーミスタと，抵抗値が正の温度係数を持つ PTC（Positive Temperature Coefficient）サーミスタがあります．通常，サーミスタと呼ばれるものは NTC サーミスタです．NTC サーミスタの多くは，マンガン，ニッケル，コバルト，鉄，銅などの金属酸化物を焼結した半導体（第 6 章参照）で作られています．NTC サーミスタの温度係数は 10^{-2}/℃ と大きく，後述の白金温度センサの 10 倍以上あります．温度センサとして用いられたり，スイッチング電源やヒータの突入電流（スイッチを投入直後に回路に流れる大きな電流）を防止したりする用途で用いられています．一方，PTC サーミスタでは，温度がある一定以上になると抵抗が急激に上昇する特徴を持っていますので，ヒータのコントロールやトランジスタなどの発熱部品・機器の温度加熱防止素子として用いられています．

　また，**白金温度センサ**は，白金線の温度係数が 3.9×10^{-3}/℃ と大きく，抵抗−温度特性がリニアに近く，また，化学的にも電気的にも安定していることから，高精度の温度センサとして用いられています．温度測定範囲も-200℃〜+650℃と広いのが特長です．

2.1.5　抵抗を使う場合の注意

　抵抗を使う場合に留意することがいくつかあります．それらは，

(1) 抵抗の値のカラーコード表示，
(2) 定格電力，および，
(3) 抵抗の値の誤差（系列）

です．

(a) 抵抗の値のカラーコード表示

　抵抗は比較的小さな電子回路部品ですので，その値や精度は円筒形の抵抗本体に色の帯（**カラーコード**）で表示されることが多いです．ここでは，カラーコードで表示された抵抗の値の読み方を説明します．

　抵抗の値のカラーコード表示では，抵抗やその精度を 4 本の色の帯で示します．抵抗の端と色の帯との間の隙間が小さい（ない）側を左とした時，左側から第 1 色帯，第 2 色帯，第 3 色帯，第 4 色帯と呼び，それぞれの色には表 2.1-1 のような意味があります．

表 2.1-1　抵抗のカラーコード表示

色	第 1 色帯	第 2 色帯	第 3 色帯	第 4 色帯
黒	0	0	10^0	–
茶	1	1	10^1	± 1
赤	2	2	10^2	± 2
だいだい	3	3	10^3	–
黄	4	4	10^4	–
緑	5	5	10^5	± 0.5
青	6	6	10^6	± 0.25
紫	7	7	10^7	± 0.1
灰	8	8	10^8	–
白	9	9	10^9	–
金	–	–	10^{-1}	± 5
銀	–	–	10^{-2}	± 10
（色なし）	–	–	–	± 20

例えば，

　第 1 色帯が茶色，第 2 色帯が黒色，第 3 色帯が赤色，第 4 色帯が金色

の抵抗器の抵抗は，

　　$10 \times 10^2 = 1000$　（Ω）$= 1\,\mathrm{k}\Omega$

となり，抵抗の精度は $\pm 5\,\%$ となります．

　（**問題 2-3**）2.2 kΩ，10 kΩ，470 kΩ の抵抗の値のカラー表示を図示せよ．なお，抵抗の精度は $\pm 5\,\%$ とする．

15

(b) 定格電力

抵抗で消費される電力のほとんどはジュール発熱により熱となって消散します. それぞれの抵抗には, 消費が許容される最大の電力 (定格電力) があります. 定格電力を超えた電力を消費させますと, 抵抗が焼損しますので, 定格電力内で抵抗を使うようにします.

(c) 抵抗の値の系列

固定抵抗器の公称抵抗は, 表 2.1-2 のように, その誤差を考慮していくつかのグループ (系列) に分けて用意されています.

表 2.1-2　抵抗値の系列

E 6	1.0	1.5	2.2	3.3	4.7	6.8						
E 12	1.0	1.2	1.5	1.8	2.2	2.7	3.3	3.9	4.7	5.6	6.8	8.2
E 24	1.0	1.1	1.2	1.3	1.5	1.6	1.8	2.0	2.2	2.4	2.7	3.0
	3.3	3.6	3.9	4.3	4.7	5.1	5.6	6.2	6.8	7.5	8.2	9.1
E 48	1.00	1.05	1.10	1.15	1.21	1.27	1.33	1.40	1.47	1.54	1.62	1.69
	1.78	1.87	1.96	2.05	2.15	2.26	2.37	2.49	2.61	2.74	2.87	3.01
	3.16	3.32	3.48	3.65	3.83	4.02	4.22	4.42	4.64	4.87	5.11	5.36
	5.62	5.90	6.19	6.49	6.81	7.15	7.50	7.87	8.25	8.66	9.09	9.53
E 96	1.00	1.02	1.05	1.07	1.10	1.13	1.15	1.18	1.21	1.24	1.27	1.30
	1.33	1.37	1.40	1.43	1.47	1.50	1.54	1.58	1.62	1.65	1.69	1.74
	1.78	1.82	1.87	1.91	1.96	2.00	2.05	2.10	2.15	2.21	2.26	2.32
	2.37	2.43	2.49	2.55	2.61	2.67	2.74	2.80	2.87	2.94	3.01	3.09
	3.16	3.24	3.32	3.40	3.48	3.57	3.65	3.74	3.83	3.92	4.02	4.12
	4.22	4.32	4.42	4.53	4.64	4.75	4.87	4.99	5.11	5.23	5.36	5.49
	5.62	5.76	5.90	6.04	6.19	6.34	6.49	6.65	6.81	6.98	7.15	7.32
	7.50	7.68	7.87	8.06	8.25	8.45	8.66	8.87	9.09	9.31	9.53	9.76

これは, 部品の種類を増やさずに利用し易くするために, 許容差が一定となるように定められたものです. E 12 系列では±10%, E 24 系列では±5%となっています. 例えば, 抵抗に±10%の許容誤差が許される抵抗器では, E 24 系列から設計値に近い抵抗を選べば良いことになります. 具体的には, ±10%の許容誤差で 7 kΩ の抵抗を持つ抵抗器が必要な場合には, E 24 系列 (誤差が±5%) の $6.8\times10^3\Omega$ の抵抗を用いれば, その抵抗は$6.46\times10^3\Omega$ から$7.14\times10^3\Omega$ の範囲内にありますから, 7 kΩ±10% を満たしています.

２．２　コンデンサ

2.2.1　コンデンサと電荷

　コンデンサも電子回路においては重要な基本部品です．コンデンサには電荷を蓄積する働きがあります．コンデンサの両端に電圧 V を印加しますと，コンデンサの電極には印加電圧に比例した電荷 Q が現れます．すなわち，

$$Q = CV \tag{2.2-1}$$

が成立します．ここで，比例係数 C は**キャパシタンス**と呼ばれ，コンデンサの電荷蓄積能力の大きさを表しています．単位は F（**ファラッド**）ですが，1 F は通常の電子回路では大きすぎますので，単位には μF（マイクロファラッド：1 μF $= 10^{-6}$ F）か，そのまた百万分の 1 の 1 pF（ピコファラッド：1 pF $= 10^{-12}$ F）がよく用いられます．

2.2.2　コンデンサの接続と合成キャパシタンス

　2 つのコンデンサ C_1，C_2 を直列に接続した場合の合成キャパシタンスは，

$$
\begin{aligned}
C &= \frac{1}{\dfrac{1}{C_1} + \dfrac{1}{C_2}} \\[2mm]
&= \frac{C_1 C_2}{C_1 + C_2}
\end{aligned}
\tag{2.2-2}
$$

となります．一方，2 つのコンデンサ C_1，C_2 を並列に接続した場合の合成キャパシタンスは，

$$C = C_1 + C_2 \tag{2.2-3}$$

となります．これらの関係は抵抗の場合と逆になっていますね．

　（**問題 2-4**）図 2.2-1 の回路における合成キャパシタンスを求めよ．

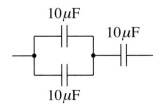

図 2.2-1　コンデンサの直並列による回路

（**問題 2-5**）図 2.2-2 の回路でコンデンサ C_1 の両端の電圧を求めよ.

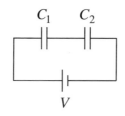

図 2.2-2　コンデンサの直列接続による回路

2.2.3　コンデンサの使い方

コンデンサの使われ方は, 大きく分けて

(1) **バイパスコンデンサ**：電圧安定化,

(2) **カップリングコンデンサ**：直流分をカットして信号のみを通す,

(3) スピードアップコンデンサ, および,

(4) 抵抗と併用して**フィルタ回路**

の 4 通りの場合があります. ここでは, 使用法の(1)から(3)について, それぞれ, 簡単に説明します. なお, 使用法(4)のフィルタ回路については, 第 5 章で詳しく述べます.

(a) バイパスコンデンサとしてのコンデンサの使用法

使用法の(1)の例として, デジタル IC を用いて回路を構成する場合を挙げます. デジタル回路の専門書を読みますと, 図 2.2-3 のように, デジタル IC 毎に高周波性能の良いセラミックコンデンサで容量は 0.1 μF 程度のものを, 片方の端子を電源ラインの＋側に接続し, もう一方の端子を−側に接続するようにとの記述があります. また, デジタル IC 4〜5 個に 1 つの割合で, 電解コンデンサ（10 μF 程度）を＋側の端子を電源ラインの＋側に接続し, −側の端子を電源ラインの−側に接続するようにとも説明されています. これらが**バイパスコンデンサ**なのです. バイパスコンデンサの目的は, 電圧の安定化です. デジタル IC は電源電圧が許容範囲を超えて変動しますと, 正常に動作しません. その一方で, デジタル回路の本質はスイッチの ON, OFF ですから, 電圧が High のレベルから Low のレベルに変化する際に大きな電流が流れます. 電源の容量が小さいと瞬間的に大きな電流が流れた場合には電圧が低下します. 例えば, 電車発車時のモータのパワーが必要な時, 運転台に表示されている電圧が一時的に下がるのを見たことはありませんか？　モータの場合には少々電圧が下がっても駆動

力が下がるだけで，印加した電圧に対応する方向に回転力が働くことには変わりはありませんので，問題はあまりありません．しかしながら，デジタル IC の場合には動作が保証されませんから大問題です．しかもデジタル回路では通常数十 MHz 以上の高速なクロックに同期して（歩調を合わせて）動作していますから，ある瞬間には電流が必要でも次の瞬間には必要がなくなるといったことを繰り返しており，必要な電荷（電流を時間積分したもの）は小さいです．バイパスコンデンサの役割は，瞬間的に必要となる電流の供給源となっていることです．すなわち，電荷を一時的にプールしておき，必要な時に横から電流を供給しているのです．この役割から，ディジタルIC の側に接続するバイパスコンデンサは，容量はあまり大きくなくても高周波特性の良いもの（すぐさま機敏に対応できるもの）が適切であることが理解できますね．

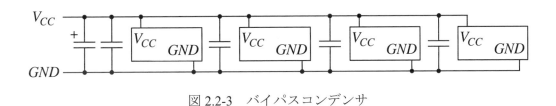

図 2.2-3　バイパスコンデンサ

(b) カップリングコンデンサとしてのコンデンサの使用法

　2 番目の使用法でありますカップリングコンデンサは，小信号トランジスタ増幅回路でよく出てきます．第 6 章で学びますが，トランジスタは直流電圧をある程度かけておかないと動作しません．トランジスタを用いて振幅の小さな信号を増幅すると，トランジスタに印加する直流電圧のために，増幅前の交流信号が増幅後は，振幅は勿論大きくなっていますが，脈流として出力されてしまいます．この脈流出力から交流分だけを取り出すために，図 2.2-4 の C_1 や C_3 ように，コンデンサが直列に接続されます．コンデンサは直流を通しませんから，コンデンサの挿入により増幅された交流信号を取り出すことができます．

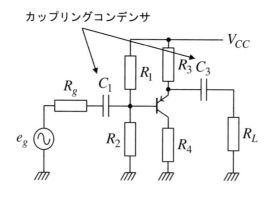

図 2.2-4　カップリングコンデンサ

(c) スピードアップコンデンサとしてのコンデンサの使用法

　スピードアップコンデンサも回路に直列に接続されます．トランジスタを用いてデジタル回路を設計することを考えましょう．トランジスタには接合容量（詳しくはベース・エミッタ間接合容量）と呼ばれる僅かなキャパシタンスがあります．このため，回路の設計によっては，スイッチング動作が悪くなる場合があります．スイッチング動作を改善するため，トランジスタの動作条件を決める抵抗（ベース抵抗）に並列に（トランジスタのベースに対しては直列に）小さなキャパシタンス（30～100 pF 程度）のコンデンサを挿入します（図 2.2-5 参照）．コンデンサを直列接続しますと合成キャパシタンスは各々のコンデンサのキャパシタンスより小さくなりますから，スピードアップコンデンサの挿入により，等価的に接合容量を小さくすることができ，スイッチング動作を改善できます．

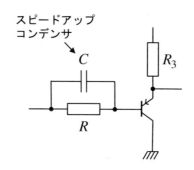

図 2.2-5　スピードアップコンデンサ

2.2.4　コンデンサの種類

　コンデンサにも多くの種類があります．そして，重視する特性毎に細分化されてい

ます．これは理想的なコンデンサが製品として具体化されていないとも言えます．従って，最適なコンデンサの選択は電子回路の設計上大変重要です．キャパシタンスが固定かどうかで**固定コンデンサ**と**可変容量**コンデンサに分類できます．なお，最近のコンデンサ，特に，電解コンデンサの材料や製造の進歩には著しいものがあります．

(a) 固定コンデンサ

固定コンデンサには，無極性（2つの端子のどちらを＋側に接続してもかまわない）のものと，有極性（2つの端子には＋と－の区別がある）のものがあります．有極性のコンデンサの取り扱い上の注意点と極性の表示については，2.2.5 節を参照して下さい．

無極性の固定コンデンサには，マイカコンデンサ，スチロールコンデンサ，セラミックコンデンサ，ポリエステルコンデンサ，積層フィルムコンデンサ，ポリプロピレンコンデンサ，無極性アルミニウム電解コンデンサなどがあります．一方，有極性のものには，固体タンタルコンデンサ，モールド型タンタルコンデンサ，湿式タンタルコンデンサ，小型アルミニウム電解コンデンサ，オーディオ用アルミニウム電解コンデンサ，有機半導体アルミニウム電解コンデンサ，電気二重層コンデンサなどがあります．

マイカコンデンサは，マイカ（雲母）の板に銀などの電極を蒸着したものです．精度が高く，温度係数が低く一定，また，高周波においても損失が少ないという特長があります．主に，同調回路，フィルタ回路や位相同調用として用いられています．

スチロールコンデンサは，2枚の金属箔とスチロールフィルムを螺旋状に巻き，スチロール樹脂でモールドしたものです．スチコンと呼ばれています．精度が高く，温度係数が負で一定であり，高周波においても損失が少ないという特長があります．ただし，スチロール樹脂は使用温度範囲が狭く（-10℃〜70℃），有機溶剤に溶けるといった欠点もあります．主に同調回路，フィルタ回路や位相同調用として用いられています．

セラミックコンデンサは，円盤型のセラミック材の両面に電極材を印刷して焼結し，防湿のためにパラフィンコーティングをしたものです．小型，安価で高周波特性が優れているという特長があります．しかし，温度係数が大きいことが欠点です．精度がそれ程要求されない一般電子回路用として用いられています．

ポリエステルコンデンサは，2枚の金属箔とポリエステルフィルムを螺旋状に巻いたものです．通称，マイラと呼ばれています．マイラはフィルム材料の商品名です．フィルムコンデンサとしては最も一般的なもので，中容量用としては比較的安価なコンデンサです．一般的な結合回路や時定数回路で用いられていますが，巻き型ですの

でコイルとしても働くため，高周波回路では用いることができません．

積層フィルムコンデンサは，極めて薄いフィルムにアルミニウムを蒸着したものを数枚から数十枚重ねて積層にしたものです．フィルムコンデンサでは小型（あるいは大容量）であり，比較的高周波まで使用できるため，一般の結合回路や時定数回路で用いられています．ただし，誘電体損失が比較的大きいことに注意して下さい．誘電体損失とは，コンデンサの等価抵抗分によるエネルギー損失のことで，これによりコンデンサ自体の発熱につながります．コンデンサは熱に比較的弱い回路素子ですので，誘電体損失には注意する必要があります．

ポリプロピレンコンデンサは，ポリプロピレン膜と電極箔を巻いた構造をしています．通称，PP コンと呼ばれています．誘電体損失は大きいですが，大電流に耐える特徴を持っています．また，温度係数が小さく一定です．蛍光灯用インバータ回路，PWM（Pulse Width Modulation）用フィルタ回路や水平共振回路で用いられています．

無極性アルミニウム電解コンデンサは，多孔質アルミニウムに化学処理により酸化膜を作成し，電解液を含浸した紙のセパレータを介してアルミ陰極と共に巻いてアルミケースに封入したものです．ただし，後述します有極性の小型アルミニウム電解コンデンサとの違いは，両電極とも酸化膜を施している点です．従って，無極性ですが小型アルミニウム電解コンデンサよりも一回り大きくなります．極性が不確定な結合用やスピーカネットワーク，モータの位相用に用いられています．

固体タンタルコンデンサは，金属タンタルの陽極表面に酸化膜を化学処理で作成し，そこへ溶融合金を流して陰極としたものです．容量に対する形状が最も小さく，漏れ電流も小さく，ローノイズであり，周波数特性が優れている特長があります．大容量を必要とする時定数回路や結合コンデンサ，また，信号用フィルタ回路に用いられています．有極性コンデンサですので，取り扱いに注意する必要があります（2.2.5 節参照）．

モールド型タンタルコンデンサは，固体タンタルコンデンサをプラスティックケースに収めたものです．足（リード線）ピッチが一定ですので自動実装に向いています．また，ヒューズ内蔵のタイプでは，万一の事故を防ぐこともできます．時定数回路や電源用フィルタ回路に用いられています．有極性コンデンサですので，取り扱いに注意する必要があります（2.2.5 節参照）．

湿式タンタルコンデンサは，金属タンタル表面に酸化膜を施した陽極を電解液と共に銀ケースに収めたものです．漏れ電流が極めて小さく，ローノイズで周波数特性および信頼性に優れていますが，大変高価です．時定数回路，結合コンデンサや宇宙用および軍用の信号回路に用いられています．なお，有極性コンデンサで，逆電圧に極めて弱いので，取り扱いに注意する必要があります（2.2.5 節参照）．

　小型アルミニウム電解コンデンサは，多孔質アルミニウムに化学処理により酸化膜を作成し，電解液を含浸した紙のセパレータを介してアルミ陰極と共に巻いてアルミケースに封入したものです．大容量のコンデンサとしては最も一般的で安価です．昔は良くないコンデンサの代表のように言われていましたが，近年の特性や信頼性の向上には著しいものがあります．主に，低周波結合用，電源平滑用として，また，低周波用バイパスコンデンサ，精度の要らない時定数回路で用いられています．なお，有極性コンデンサですので，取り扱いに注意する必要があります（2.2.5 節参照）．さらに，アルミニウム電解コンデンサは，ドライ・アップ（2.2.5 節参照）による経年変化が大きいことに注意して下さい．

　オーディオ用アルミニウム電解コンデンサは，小型アルミニウム電解コンデンサと同じ基本構造を持っていますが，電極や電解液を改良したものです．高周波特性が良く，漏れ電流や誘電損失も小さいという特長があります．比較的高級なオーディオ回路の結合コンデンサや電源平滑用コンデンサとして用いられています．有極性コンデンサですので，取り扱いに注意する必要があります（2.2.5 節参照）．

　有機半導体アルミニウム電解コンデンサは，小型アルミニウム電解コンデンサと同じ基本構造ですが，電解液の代わりとして導電性有機固体を用いています．電解液を使用しませんので，ドライ・アップがなく，低温特性にも優れ，タンタルコンデンサを凌ぐ電気特性を持っています．オーディオ回路や高周波平滑コンデンサに用いられていますが，まだ，価格が高いのが欠点です．そして，有極性コンデンサですので，取り扱いに注意する必要があります（2.2.5 節参照）．

　電気二重層コンデンサは，通称，ゴールドキャパシタやスーパーキャパシタ（共に商品名）と呼ばれ，電池と電解コンデンサの中間の特性を持っています．なお，耐圧が低く，周囲の温度に敏感なことに注意する必要があります．また，有極性コンデンサですので，取り扱いに注意する必要があります（2.2.5 節参照）．

(b) 可変容量コンデンサ

　可変容量コンデンサは，基本的には対向する電極の面積を変化させることでキャパシタンスを可変としています．ある一定の範囲のキャパシタンスを可変としたものは，**トリマコンデンサ**と総称されています．誘電体の違いにより，フィルムトリマ，エアトリマ，セラミックトリマがあります．また，電極間距離を変化させるピストントリマもあります．

　フィルムトリマは，ポリエチレン，ポリプロピレンやマイカ板を誘電体とし，固定子として1から数枚の扇形の金属板と同数の半円形の回転子を互い違いになるように組み合わせ，間に誘電体シートを挟み込んだ構造をしています．形状に対して比較

的大きなキャパシタンスを得ることができ，温度係数も低いです．数十 MHz までの電子回路で用いられています．

エアトリマは，空気を誘電体とし，フィルムトリマと同様の構造をしています．誘電体が空気ですので，温度係数が低く損失が小さい特長を有しており，比較的大きな電力を扱う高周波回路に用いられています．ただし，形状が大きくなりますので，実装スペースに注意する必要があります．

セラミックトリマは，セラミックの台の上に扇形の金属パターンをつけて固定子とし，この上を半円形のパターン（回転子）をつけた円形のセラミック板を回転できるようにしたものです．半固定コンデンサとしては最も一般的で安価です．100 MHz 程度までの一般電子回路に用いられています．

ピストントリマでは，セラミックパイプの底に固定電極を設け，反対側から金属のピストンをねじ込んだ構造をしています．温度係数が低く，損失が少ない特長があります．VHF 帯以上の高周波回路に用いられています．なお，可変範囲が小さく，キャパシタンス変化が直線的ではないことに注意する必要があります．

2.2.5　コンデンサを使う場合の注意

コンデンサには，それぞれ使用できる最大の電圧である定格電圧（WV：Working Volt とも呼ばれる）がありますので，定格電圧以下で使用するようにします．ただし，アルミ電解コンデンサなどでは，定格電圧に対して使用電圧が極端に低いと容量抜けの原因になる場合があります．

アルミニウム電解コンデンサでは，電解液が密封に用いられているゴムキャップなどから徐々に漏れて静電容量が減少するとともに内部抵抗が増加するというドライ・アップ現象があります．このドライ・アップ現象に関しては，一般に温度が 10 ℃ 上昇する毎に寿命が半減すると言われています．

タンタルは脆い材質ですので，落下や衝撃といった機械的ショックに弱く，衝撃により漏れ電流が増加したり，リード線がとれて開放してしまったりします．

コンデンサには無極性のコンデンサと有極性のコンデンサがあることは，すでに説明致しました．有極性のコンデンサでは指定された方向に電圧をかけないと，特性の劣化を招いたり，最悪の場合には発火したりすることもありますので注意して下さい．極性の見分け方ですが，リード線の長い方が＋側となっています．また，アルミニウム電解コンデンサでは–側が，タンタルコンデンサでは＋側が，コンデンサ本体に「−」や「＋」といった形で表示されています．

2．3　コイル

2.3.1　コイルと電磁誘導

　コイルはコア（鉄心が多い）の周りに銅の電線を巻いた単純な構造をしていますが，磁気作用を考慮する必要があるために，実際の回路設計では取り扱いがやっかいな回路素子です．

　電磁気学で学びましたように，電線に電流が流れますと電線を中心として同心円状に磁界が発生し，磁界の強さは距離に反比例して小さくなります．電流の向きをねじの進む方向としますと，発生した磁界の方向は右ねじを回す方向となります（**右ねじの法則**）．

　電線をばね状に巻いてコイルにしますと，コイル内部では磁界の向きが同一方向になるために磁力を強めることとなります．このため，コイルの巻き数を増やすことで，それに比例した磁力を発生させることができます．

　電磁誘導の法則によれば，コイルに誘起される逆起電圧 e とコイルに流れる電流 i には，

$$e = L\frac{di}{dt} \tag{2.3-1}$$

の関係が成り立ちます．ここで，L はインダクタンスと呼ばれる定数です．

2.3.2　コイルの分類

　コイルは構造的には，磁気回路（コア）と巻き線の二つの部分に分けられます．コイルの特徴はコアで決まることが多いです．コアの特徴には，コアの材質と形状の二つがあります．コア材にはフェライト系や鉄シートがよく用いられていますが，最近では金属圧粉やアモルファス系の磁性体も用いられています．材質により磁気特性が大きく異なっています．また，コアの形状としては，円筒形や，アルファベットの E と I の形をしたコアを組み合わせた形（EI 型），ドーナツ状などがあります．円筒形のコアを用いたものは製作が容易という長所がありますが，漏洩磁束がやや大きいという欠点があります．EI 型のコアを用いたものは，組立が容易で磁気効率が良いという特長があります．また，ドーナツ状のコアを用いたものは，原理的には漏洩磁束が発生しませんので，磁気効率が非常に良い特長があります．

第3章　直流電気回路理論

　この章では，回路解析の最も基本となるキルヒホッフの法則を学ぶとともに，回路解析において有用な，重ね合わせの理とテブナンの定理を学びます.

３．１　キルヒホッフの法則

　回路の動作を解析するための法則として**キルヒホッフの法則**があります. キルヒホッフの法則は直流回路だけでなく交流回路でも成立しますが，ここでは，直流回路を対象として，キルヒホッフの法則の適用方法を学びます. キルヒホッフの法則は，電流連続の法則とも呼ばれる第１法則と，電圧平衡の法則とも呼ばれる第２法則とから成ります.

　まず，**第１法則（電流連続の法則）**ですが，これは，**任意の回路網において，ある接続点に流入する電流と流出する電流の和は等しい**ことを述べた法則です. ここで，図 3.1-1 のように，接続点から流出する電流は符号を負として表現しますと，一般的には，

$$I_1 + I_2 + \cdots + I_n = 0 \tag{3.1-1}$$

が成立します. 図 3.1-1 の場合には，

$$I_1 + I_2 - I_3 + I_n = 0 \tag{3.1-2}$$

が成立します.

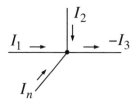

図 3.1-1　キルヒホッフの第１法則

　次に，**第２法則（電圧平衡の法則）**は，**任意の回路網のある閉回路において，閉回路を一定方向にたどるとき，電圧降下の総和はその閉回路中の起電力の総和に等しい**ことを述べた法則です. 抵抗 R に電流 I が流れている場合，電流の方向に沿って RI の電圧降下が生じます. すなわち，上流側の抵抗の端子は下流側に比べて電位が RI だけ

高くなっています．また，起電力は電流の流れる向きを正とします．キルヒホッフの
第2法則は，一般的には，

$$R_1 I_1 + R_2 I_2 + \cdots + R_m I_m = E_1 + E_2 + \cdots E_m \tag{3.1-3}$$

と表現されます．図 3.1-2 においては，

$$R_1 I_1 + R_2 I_2 + R_3 I_3 = E_1 - E_3 - E_4 \tag{3.1-4}$$

が成立します．

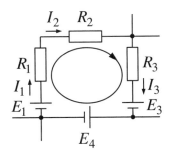

図 3.1-2　キルヒホッフの第2法則

キルヒホッフの法則は回路網の解析において基本となる法則です．いくつかの例題
で説明しますので，特に，第2法則をしっかりと理解して下さい．

(**例題 3-1**) 図 3.1-3 の簡単な直流回路において，$5\,\Omega$ と $15\,\Omega$ の抵抗を流れる電流を
求めてみましょう．この回路に対して，図のように電流の向きをとりますと，キルヒ
ホッフの第2法則から，

$$5I + 15I = 10 - 5 \tag{3.1-5}$$

が成り立ちます．これから，電流 I は 0.25 A と計算されます．

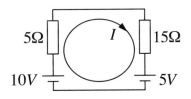

図 3.1-3　簡単な直流回路 1

（**例題** 3-2）図 3.1-4 の回路において，それぞれの抵抗を流れる電流を求めてみましょう．抵抗を流れる電流の向きを，図 3.1-4 のようにとるものとしますと，まず，A 点でキルヒホッフの第 1 法則を適用しますと，

$$I_1 + I_2 - I_3 = 0 \tag{3.1-6}$$

が成立します．次に，図 3.1-4 の電圧源 E_1，抵抗 R_1，および，抵抗 R_3 で構成される左側の閉回路を，図の矢印のように時計回りにたどりますと，キルヒホッフの第 2 法則から，

$$R_1 I_1 + R_3 I_3 = E_1 \tag{3.1-7}$$

となります．また，右側の閉回路に対しては，図の矢印のように，反時計回りにたどりますと，キルヒホッフの第 2 法則から，

$$R_2 I_2 + R_3 I_3 = E_2 \tag{3.1-8}$$

となります．

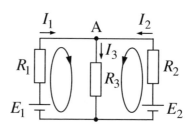

図 3.1-4　簡単な直流回路 2

式(3.1-6)から式(3.1-8)を連立させて方程式を解きますと，各抵抗を流れる電流は，それぞれ，

$$I_1 = \frac{(R_2 + R_3)E_1 - R_3 E_2}{R_1 R_2 + R_2 R_3 + R_3 R_1} \tag{3.1-9}$$

$$I_2 = \frac{(R_1 + R_3)E_2 - R_3 E_1}{R_1 R_2 + R_2 R_3 + R_3 R_1} \tag{3.1-10}$$

$$I_3 = \frac{R_2 E_1 + R_1 E_2}{R_1 R_2 + R_2 R_3 + R_3 R_1} \tag{3.1-11}$$

と求められます．

（**問題 3-1**）抵抗値が R_1 と R_2 の抵抗を直列に接続した抵抗回路の両端に電圧 V を印加したとき，それぞれの抵抗での電圧降下はいくらか．

（**問題 3-2**）図 3.1-5 の 2 つの回路において，各抵抗に流れる電流を求めよ．

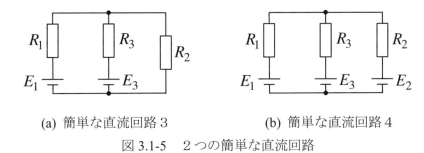

(a) 簡単な直流回路 3　　　　　(b) 簡単な直流回路 4

図 3.1-5　2 つの簡単な直流回路

（**問題 3-3**）図 3.1-6 に示すホイートストーンブリッジ回路において，(1) R_5 に流れる電流 I_5 を求め，(2) $I_5 = 0$ となる条件を求めよ．

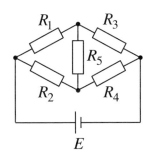

図 3.1-6　ホイートストーンブリッジ回路

（**問題 3-4**）図 3.1-7 の回路において，負荷抵抗 R_L に加えられる電圧 V を求めよ．

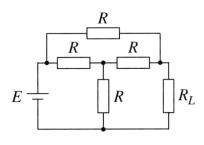

図 3.1-7　直流回路

３．２　内部抵抗を考慮した解析

3.2.1 抵抗の測定

　電圧計と電流計をそれぞれ１つずつ用いて未知抵抗を測る場合には，図 3.2-1 の(a)と(b)の接続方法が考えられます．電圧計と電流計が理想的なものではないとすると，どちらの接続方法が精度良く測定できるのでしょうか．ここでは，これを考えてみます．

　理想的な電圧計では，内部抵抗は無限大です．従って，測定にあたっては，測定対象に並列に接続します．一方，理想的な電流計の内部抵抗は 0 です．このことから，測定対象に直列に接続して測定します．実際のテスターなどでは，レンジにもよりますが，電圧計の内部抵抗は数十〜数百 $k\Omega$，電流計の内部抵抗は数百 Ω となっているようです．

　未知抵抗を R とし，電圧計と電流計の内部抵抗を，それぞれ，r_V，r_A とします．また，電圧計と電流計の読みを，それぞれ，V，I とします．このとき，図 3.2-1(a)では

$$V = (R + r_A)I \tag{3.2-1}$$

から，

$$R = \frac{V}{I} - r_A \tag{3.2-2}$$

となります．一方，図 3.2-1(b)では，電流計に流れる電流は電圧計に流れる電流と抵抗に流れる電流の和ですから，

$$I = \frac{V}{r_V} + \frac{V}{R} \tag{3.2-3}$$

となります．これから，

$$R = \frac{r_V V}{r_V I - V} \tag{3.2-4}$$

となります．

　従って，電圧計と電流計の読みから，V/I を未知抵抗としたときの誤差は，それぞれ，

$$\left| \frac{V}{I} - R \right| = r_A \tag{3.2-5}$$

$$\left| \frac{V}{I} - R \right| = \left| \frac{V}{I} \cdot \frac{-\dfrac{V}{I}}{r_V - \dfrac{V}{I}} \right| \tag{3.2-6}$$

となります. 式(3.2-5)から, 図 3.2-1(a)の測定法の誤差は一定 (r_A) です. 一方, 式(3.2-6) から, 図 3.2-1(b)の測定法の誤差はV/Iが小さいと小さく, V/Iが大きいと大きくなる ことがわかります.

　以上から, 未知抵抗が小さい場合には図 3.2-1(b)の測定法の方が誤差が小さく, 未 知抵抗が大きい場合には図 3.2-1(a)の測定法の方が誤差が小さくなります.

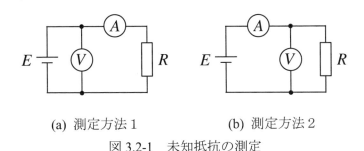

(a) 測定方法 1　　　　　　　(b) 測定方法 2

図 3.2-1　未知抵抗の測定

3.2.2 インピーダンスマッチング

　図 3.2-2 のように, 内部抵抗rの電圧源Eに負荷抵抗Rを接続した場合, 負荷抵抗 で消費される電力が最大となる条件と, その時の消費電力を求めてみましょう.

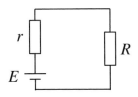

図 3.2-2　内部抵抗のある電圧源に負荷抵抗が接続された回路

　負荷抵抗に流れる電流Iは,

$$I = \frac{E}{R+r} \tag{3.2-7}$$

ですから, 負荷抵抗で消費される電力Pは,

$$P = I^2 R$$

31

$$= \frac{R}{(R+r)^2} E^2 \tag{3.2-8}$$

となります．ここでは，電圧源の内部抵抗 r が与えられたとして，負荷抵抗 R を変化させて負荷抵抗の消費電力が最大となる負荷抵抗を求めたいのですから，式(3.2-8)において R を可変として $R > 0$ で P が最大となる R と P を求めればよいのです．そこで，式(3.2-8)を R で偏微分して P の増減を調べ，P の最大値を求めます．

$$\frac{\partial P}{\partial R} = \frac{r-R}{(R+r)^3} E^2 \tag{3.2-9}$$

これから，P は $0 < R < r$ で増加し，$R > r$ では減少することがわかります．従って，P の最大値は，$R = r$ のときに，

$$P_{\max} = \frac{E^2}{4r} \tag{3.2-10}$$

となります．

　このように，内部抵抗が既知の場合には，内部抵抗値と同じ値を持つ負荷抵抗を接続すると最大の電力を取り出すことができます．これは，ヘッドフォンやスピーカーなどで効率的に出力を取り出す場合に用いられており，**インピーダンスマッチング**と呼ばれています．ここで，インピーダンスという用語が出てきましたが，ここでは抵抗と考えて下さい．インピーダンスの概念は第4章の交流回路解析で出てきます．直流回路の抵抗に対応するものです．なお，式(3.2-8)から分かりますように，電圧源の内部インピーダンスを設計上小さくできる場合には，内部インピーダンスが小さい方が負荷で取り出すことの出来る電力は大きくなります．

３．３　電圧源と電流源の等価変換

　電圧源は電池や AC プラグのように電圧を所定の値にするものです．接続される抵抗によって抵抗に流れる電流が変化します．これに対して，電流を所定の値に設定できるものを**電流源**と呼びます．電流源に抵抗を接続した場合には，抵抗の両端の電圧は抵抗によって決まります．

　電圧源は，一般に図 3.3-1(a)のように，起電力 E と内部抵抗 r で表すことができます．図のように負荷抵抗 R を接続しますと，回路に流れる電流 I と端子電圧 V_R は，

$$I = \frac{E}{R+r} \tag{3.3-1}$$

$$V_R = IR = \frac{E}{1+\dfrac{r}{R}} \tag{3.3-2}$$

となります．この電圧源は，図 3.3-1(b)のように等価電流源で表すことができます．

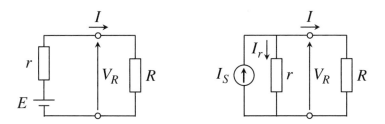

(a) 内部抵抗のある電圧源　　　(b) 内部抵抗のある電流源

図 3.3-1　電圧源と電流源の等価変換

それでは、I_S と E の関係を求めてみましょう．図 3.3-1(b)では，r に流れる電流を I_r としますと，

$$I_S = I + I_r \tag{3.3-3}$$

$$RI = rI_r \tag{3.3-4}$$

が成り立ちますから，

$$I = \frac{r}{R+r} I_S \tag{3.3-5}$$

$$V_R = IR = \frac{rI_S}{1+\dfrac{r}{R}} \tag{3.3-6}$$

となります．従って，

$$E = rI_S \tag{3.3-7}$$

のとき，図 3.3-1(a)の電圧源と図 3.3-1(b)の電流源は，回路に対して同じ効果があることが分かります．

３．４　重ね合わせの理

3.4.1 線形素子と線形回路

　第２章で説明しました，抵抗，コンデンサ，コイル以外にも電子部品には，ダイオード，トランジスタなど多数の種類があります（ダイオード，トランジスタ，電界効果トランジスタについては，第６章で説明します）．これらの電子部品の２つの端子（トランジスタ等ではいくつかの端子のうちの２つ）に電圧をかけた場合，それらの端子間を流れる電流が電圧に比例するものがあります．このような比例関係の電圧−電流特性を持つ電子部品を**線形素子**と呼びます．抵抗，コンデンサ，コイルは線形素子です．しかしながら，ダイオードやトランジスタ等は線形素子ではありません．これらは**非線形素子**と呼ばれます．また，線形素子から構成される回路を**線形回路**と呼びます．

3.4.2 重ね合わせの理

　線形素子で構成されている回路（線形回路）においては，**重ね合わせの理**が成立します．これは，「**多数の電源電圧を含む線形回路網中の電流の分布は，各電圧源が単独にその位置に働くときの電流分布の総和に等しい**」というものです．

　なんだか分かりにくいですね．簡単な例を示しましょう．図 3.4-1(a)のように２つの電圧源がある場合には，R に流れる電流 i は，

$$i = \frac{E_1 + E_2}{R} \tag{3.4-1}$$

となりますが，これは，

$$i = \frac{E_1}{R} + \frac{E_2}{R} \tag{3.4-2}$$

と書き直せますね．式(3.4-2)は，図 3.4-1(b)での R を流れる電流 E_1/R と，図 3.4-1(c)での R を流れる電流 E_2/R の和になっていますね．すなわち，２つの電源電圧を含む線形回路（図 3.4-1(a)）の電流の分布（R を流れる電流）は，電圧源 E_1 と E_2 が単独にその位置に働くとき（図 3.4-1(b)と図 3.4-1(c)のそれぞれの場合）の電流分布（R を流れる電流）の和に等しいことが成立しています．

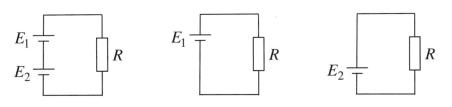

(a) 直流回路　　(b) 電圧源 E_1 のみが働く回路　(c) 電圧源 E_2 のみが働く回路

図 3.4-1　２つの電圧源を含む直流回路

（**例題 3-3**）図 3.4-2 の回路の R_3 に流れる電流を重ね合わせの理を用いて求めてみましょう．この回路は，例題 3-2 で扱った回路と同じ回路です．重ね合わせの理によりますと，図 3.4-2 の R_3 に流れる電流 i_3 は，図 3.4-3(a)において R_3 に流れる電流 i_{3a} と，図 3.4-3(b)において R_3 に流れる電流 i_{3b} との和 $i_{3a} + i_{3b}$ で与えられることになります．

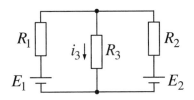

図 3.4-2　簡単な直流回路 2

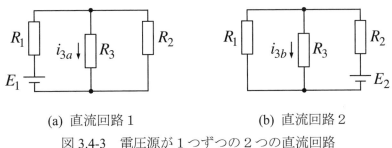

(a) 直流回路 1　　　　　　　(b) 直流回路 2

図 3.4-3　電圧源が１つずつの２つの直流回路

$i_3 = i_{3a} + i_{3b}$ を実際に計算してみましょう．まず，図 3.4-3(a)の回路において，R_1，R_2 および R_3 の合成抵抗 R は，

$$R = R_1 + \frac{1}{\dfrac{1}{R_2} + \dfrac{1}{R_3}} = \frac{R_1R_2 + R_2R_3 + R_3R_1}{R_2 + R_3} \tag{3.4-3}$$

ですから，R_3 を流れる電流 i_{3a} は，回路の主電流 E_1/R の $R_2/(R_2 + R_3)$ 倍となっていま

すので，

$$i_{3a} = \frac{R_2 + R_3}{R_1 R_2 + R_2 R_3 + R_3 R_1} \cdot \frac{R_2}{R_2 + R_3} \cdot E_1$$

$$= \frac{R_2 E_1}{R_1 R_2 + R_2 R_3 + R_3 R_1} \tag{3.4-4}$$

となります．また，図 3.4-3(b)においても，同様にして i_{3b} を求めますと，

$$i_{3b} = \frac{E_2}{R_2 + \dfrac{1}{\dfrac{1}{R_1} + \dfrac{1}{R_3}}} \cdot \frac{R_1}{R_3 + R_1}$$

$$= \frac{R_1 E_2}{R_1 R_2 + R_2 R_3 + R_3 R_1} \tag{3.4-5}$$

となり，結局，

$$i = i_{3a} + i_{3b}$$

$$= \frac{R_2 E_1 + R_1 E_2}{R_1 R_2 + R_2 R_3 + R_3 R_1} \tag{3.4-6}$$

となります．求められた電流は，キルヒホッフの法則を適用して求めた式(3.1-11)と同じとなっています．

（問題 3-5）図 3.4-4 の回路において，R_3 に流れる電流を重ね合わせの理を用いて求めよ．

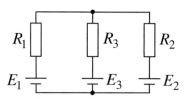

図 3.4-4　簡単な直流回路 4

３．５　テブナンの定理

3.5.1 テブナンの定理とその応用

　図 3.5-1 のように，内部に電圧源 E_1，E_2，…，E_n を含む線形回路網 A の２つの端

36

子 a，b において，

> a と b の間の電圧を E，
> 端子対 ab から見たときの回路網 A のインピーダンスを Z_0

とするとき，端子対 ab に任意のインピーダンス Z を接続したときに Z に流れる電流 I は

$$I = \frac{E}{Z_0 + Z} \tag{3.5-1}$$

で与えられます．これは**テブナンの定理**と呼ばれています．ここで，インピーダンスという用語が出てきましたが，ここでは抵抗と考えて下さい．インピーダンスの概念は第4章の交流回路解析で出てきます．直流回路の抵抗に対応するものです．

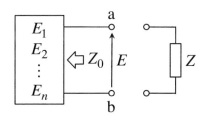

図 3.5-1　回路網への抵抗の接続

　それでは，いくつかの例題でテブナンの定理の応用方法を学びましょう．テブナンの定理の証明はその後で説明します．

（**例題 3-4**）図 3.5-2 のように，直流電圧源 E と抵抗 R_0 が直列に接続された簡単な回路の両端に抵抗 R を接続した場合に，その抵抗を流れる電流をテブナンの定理を用いて求めてみましょう．

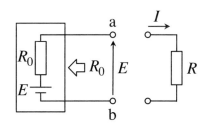

図 3.5-2　簡単な回路への抵抗の接続

図 3.5-2 のように，端子 a，b を定義しますと，抵抗 R を接続する前は抵抗 R_0 には電流が流れません．従って，端子 a，b 間の電圧は，

$$E_{ab} = E \qquad (3.5\text{-}2)$$

となります．一方，端子対 ab から見たときの直流電圧源 E と抵抗 R_0 が直列に接続された回路の抵抗は，直流電圧源の内部抵抗は 0 ですから，

$$R_{ab} = R_0 \qquad (3.5\text{-}3)$$

であることが分かります．端子対 ab に抵抗 R を接続した場合に，その抵抗に流れる電流 I はテブナンの定理より，

$$I = \frac{E}{R_0 + R} \qquad (3.5\text{-}4)$$

となります．これは，図 3.5-3 のように，直流電圧源 E と抵抗 R_0 と R が直列に接続された閉回路を考えて求めた抵抗 R に流れる電流に等しくなっていることがわかります．

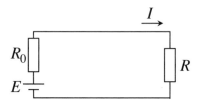

図 3.5-3　直流電圧源と 2 つの抵抗の直列接続回路

（例題 3-5）図 3.5-4 のホイートストーンブリッジ回路において，R_5 に流れる電流をテブナンの定理を用いて求めてみましょう．

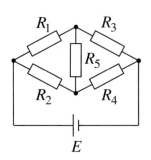

図 3.5-4　ホイートストーンブリッジ回路

　まず，テブナンの定理の適用が分かり易いように，図3.5-5のように，抵抗R_5の上端と下端をそれぞれ端子a，bとし，R_5を外します．これから，端子a，b間の電圧は，

$$E_{ab} = \frac{R_3}{R_1 + R_3} E - \frac{R_4}{R_2 + R_4} E \tag{3.5-5}$$

となることが分かります．

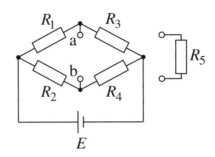

図3.5-5　抵抗R_5を外したホイートストーンブリッジ回路

　一方，端子対abから見たときの回路の抵抗は，図3.5-5のうちの抵抗R_5以外の部分を横から見ますと，図3.5-6(a)となります．これを素子の接続関係を保ったまま変形しますと，図3.5-6(b)が得られます．電源の内部抵抗は0ですから図3.5-6(c)となり，これから

$$Z_0 = \frac{R_1 R_3}{R_1 + R_3} + \frac{R_2 R_4}{R_2 + R_4} \tag{3.5-6}$$

であることが分かります．

　従って，図3.5-5の端子a，b間に抵抗R_5を接続した時に抵抗を流れる電流I_5は，

$$I_5 = \frac{E_{ab}}{Z_0 + R_5}$$

$$= \frac{R_2 R_3 - R_1 R_4}{(R_2 + R_4)R_1 R_3 + (R_1 + R_3)R_2 R_4 + (R_1 + R_3)(R_2 + R_4)R_5} E \tag{3.5-7}$$

となります．

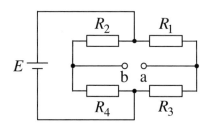

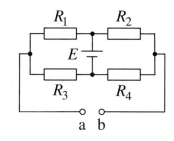

(a) 素子の接続関係を保った変形1　　(b) 素子の接続関係を保った変形2

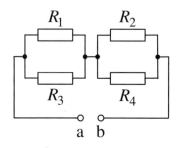

(c) （電源の抵抗）＝0による電源の短絡除去

図3.5-6　端子a，bから見たときの抵抗

3.5.2 テブナンの定理の重ね合わせの理による証明

　テブナンの定理は重ね合わせの理を用いて証明することができます．図 3.5-7(a)のように回路網 A にインピーダンス Z が接続された状態を，図3.5-7(b)のように同じ電圧源を対向させて接続します．

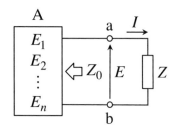

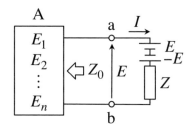

(a) 回路網 A とインピーダンス Z　　(b) 同じ電圧源を対向させて追加した回路

図3.5-7　インピーダンス Z が接続された回路網 A

　すると，重ね合わせの理から Z を流れる電流 I は，それぞれの電圧源がその位置で単独に働いた場合の和で与えられますので，図 3.5-8(a)の回路での I_i，図 3.5-8(b)の回

路での I_a, および, 図 3.5-8(c)の回路での I_b との和となります. ところが, 電圧源 $E_1, ..., E_n$, および, E が働く場合（図 3.5-9）では, E と回路網の起電力とが釣り合いますので,

$$\sum_{i=1}^{n} I_i + I_a = 0 \tag{3.5-8}$$

となります. 一方, 図 3.5-8(c)で回路網 A の端子 ab から見たインピーダンスは Z_0 ですから,

$$I_b = \frac{E}{Z_0 + Z} \tag{3.5-9}$$

となります. 従って,

$$I = \sum_{i=1}^{n} I_i + I_a + I_b$$

$$= \frac{E}{Z_0 + Z} \tag{3.5-10}$$

となります.

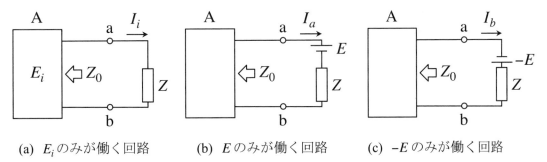

(a) E_i のみが働く回路　　(b) E のみが働く回路　　(c) $-E$ のみが働く回路

図 3.5-8　重ね合わせの理の適用

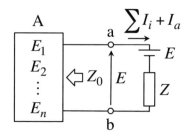

図 3.5-9 E_i と E が働く回路

第4章　交流回路解析と交流の複素表示

この章では，コイル，コンデンサ，抵抗の含まれた簡単な回路（簡単な LRC 回路）に交流電圧が加えられた場合の回路の応答の解析方法について学びます．ここでは，まず，交流信号の数学的表現方法を説明します．その後，いくつかの簡単な回路に対して，キルヒホッフの法則を適用して得られる微分方程式を解析的に解くことにより，回路の応答を求めます．最後に，LRC 回路に正弦波入力電圧を印加した場合に回路の応答は入力電圧と同じ周波数の正弦波となる性質を利用して，回路の応答を簡便に求めるための交流の複素表示を説明します．

４．１　交流

信号の値が時間的に正負が入れ変わるように変化するものを交流信号と呼ぶことは，すでに第 1 章で学びました．電圧や電流の場合には**交流電圧**あるいは**交流電流**と呼ばれます．交流信号のうちでも数学的に扱い易い信号は正弦波信号です．正弦波状に変化する電圧，すなわち，**正弦波電圧**は一般に

$$v = V_m \sin(\omega t - \theta) \quad [\text{V}] \tag{4.1-1}$$

と表現することができます．時間的変化の様子は図 4.1-1 のようになります．ここで，

v　　瞬時値　[V]

V_m　　振幅（最大値）　[V]

ω　　角周波数（角速度）　[rad/s]

t　　時間　[s]

θ　　位相　[rad]

です．

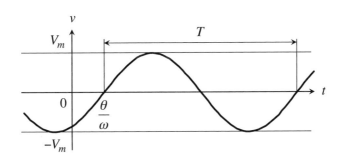

図 4.1-1　正弦波電圧

43

なお，この正弦波電圧の周期Tは，$\omega T = 2\pi$から

$$T = \frac{2\pi}{\omega} \quad [\text{s}] \tag{4.1-2}$$

です．また，周波数fは，周期Tの逆数で与えられ，

$$f = \frac{1}{T} = \frac{\omega}{2\pi} \quad [\text{Hz}] \tag{4.1-3}$$

です．

　さて，家庭用コンセントの電圧は何ボルトかご存じですね．そうです．100 V ですね．また，交流ということもご存じですね．それでは，100 V とは何時の電圧でしょうか？　式 (4.1-1) のV_mでしょうか？　違います．平均値でしょうか？　違います．正弦波交流電圧の平均値は 0 V です．100 V は**実効値**のことです．すなわち，瞬時値の 2 乗の平均値の平方根です．数式で表現しますと，実効値v_{rms}は

$$v_{rms} = \sqrt{\frac{1}{T} \int_0^T v^2 \, dt} \quad [\text{V}] \tag{4.1-4}$$

となります．正弦波電圧信号の実効値v_{rms}と振幅V_mとの間には，式(4.1-4)のvに式(4.1-1)を代入して計算することにより，

$$
\begin{aligned}
v_{rms} &= \sqrt{\frac{1}{T} \int_0^T (V_m \sin \omega t)^2 \, dt} \\
&= V_m \sqrt{\frac{1}{T} \int_0^T \sin^2 \omega t \, dt} \\
&= V_m \sqrt{\frac{1}{T} \int_0^T \frac{1 - \cos 2\omega t}{2} \, dt} \\
&= \frac{V_m}{\sqrt{2}}
\end{aligned} \tag{4.1-5}
$$

の関係があります．なお，式(4.1-5)の計算においては，正弦波の 1 周期の積分には位相は関係しませんので，θを 0 として計算しました．この関係から，家庭用コンセントの最大電圧は約 141 V，最小電圧は約-141 V であることが分かります．

　交流においては，実効値（あるいは振幅）に加えて位相も重要です．図 4.1-2 に示すような同じ角周波数を持つ 2 つの交流信号（正弦波交流電圧信号）

$$v_1 = V_1 \sin(\omega t - \theta_1) \quad [\text{V}] \tag{4.1-6}$$
$$v_2 = V_2 \sin(\omega t - \theta_2) \quad [\text{V}] \tag{4.1-7}$$

において，$\theta_1 - \theta_2$，あるいは，$\theta_2 - \theta_1$ を**位相差**と呼びます．そして，

$\theta_1 - \theta_2 = 0$ の時，v_1 と v_2 は**同位相**

$\theta_1 - \theta_2 > 0$ の時，v_1 は v_2 より $\theta_1 - \theta_2$ だけ**遅れている**

$\theta_1 - \theta_2 < 0$ の時，v_1 は v_2 より $\theta_2 - \theta_1$ だけ**進んでいる**

と言います．なお，位相は 0 から 2π（360°）までですから，$\pi/2$（90°）遅れていることと $3\pi/2$（270°）進んでいることとは同じことです．また，位相差が 180°の場合には**逆位相**とも呼ばれます．

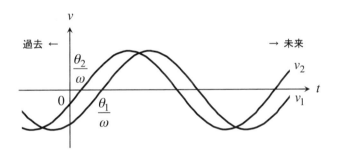

図 4.1-2　2つの正弦波電圧

（**問題 4-1**）2つの正弦波電圧の位相差を求めよ．

(1)　$v_1 = V_m \sin(\omega t + \pi/3)$
$v_2 = V_m \sin(\omega t + \pi/2)$

(2)　$v_1 = V_m \sin \omega t$
$v_2 = V_m \cos \omega t$

(3)　$v_1 = V_m \sin(\omega t + \pi/3)$
$v_2 = V_m \cos(\omega t - \pi/2)$

（**問題 4-2**）正弦波 $V_m \sin(\omega t + \pi/4)$ に対して $\pi/3$ だけ遅れている正弦波を求めよ．

（**問題 4-3**）以下の正弦波電圧の実効値を求めよ

(1) 振幅 V_m，角周波数 ω，位相 0 の正弦波の実効値を求めよ．

45

(2) 振幅 V_m，角周波数 ω，位相 $\pi/3$ の正弦波の実効値を求めよ．

４．２　交流回路

簡単な LRC 回路に正弦波交流電圧が加えられた場合に，回路に流れる電流を求めてみます．

4.2.1 抵抗回路

まず，図 4.2-1 のように，抵抗に正弦波交流電圧が印加された場合に，抵抗に流れる電流と抵抗で消費される電力を求めてみましょう．

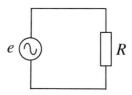

図 4.2-1　抵抗回路

正弦波交流電圧は

$$e = E_m \sin(\omega t - \theta) \tag{4.2-1}$$

とします．オームの法則から回路に流れる電流は

$$i = \frac{e}{R}$$

$$= \frac{E_m}{R} \sin(\omega t - \theta)$$

$$= I_m \sin(\omega t - \theta) \tag{4.2-2}$$

となります．これから，電流は電圧と同位相であることが分かります．また，電圧と電流の実効値は，式(4.1-4)から，それぞれ，

$$e_{rms} = \frac{E_m}{\sqrt{2}} \tag{4.2-3}$$

$$i_{rms} = \frac{I_m}{\sqrt{2}} \tag{4.2-4}$$

46

となります.

　次に，抵抗で消費される電力は

$$P = e \cdot i$$

$$= \frac{E_m{}^2}{R} \sin^2(\omega t - \theta)$$

$$= \frac{E_m{}^2}{2R} \{1 - \cos 2(\omega t - \theta)\}$$

$$= \frac{E_m I_m}{2} \{1 - \cos 2(\omega t - \theta)\} \tag{4.2-5}$$

となります．ここで，$I_m = E_m/R$ を用いています．従って，平均消費電力は，

$$P_{ave} = \frac{2}{T} \int_0^{\frac{T}{2}} P \, dt$$

$$= \frac{E_m I_m}{T} \int_0^{\frac{T}{2}} \{1 - \cos 2(\omega t - \theta)\} dt$$

$$= \frac{E_m I_m}{T} \left[t - \frac{\sin 2(\omega t - \theta)}{2\omega} \right]_0^{\frac{T}{2}}$$

$$= \frac{E_m I_m}{2} = \frac{E_m}{\sqrt{2}} \cdot \frac{I_m}{\sqrt{2}}$$

$$= e_{rms} \cdot i_{rms} \tag{4.2-6}$$

となり，電圧と電流の実効値の積になります．

4.2.2 誘導回路

　図 4.2-2 のように，コイルに正弦波交流電圧が印加された場合に，コイルに流れる電流とコイルで消費される電力を求めてみましょう．

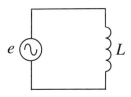

図 4.2-2　誘導回路

コイルでは，流れる電流の変化率に比例した逆起電力が両端に現れますので，コイルのインダクタンスをLとしますと，

$$L\frac{di}{dt} = E_m \sin(\omega t - \theta) \tag{4.2-7}$$

が成立します.

式(4.2-7)のLを移項して積分しますと，コイルに流れる電流は

$$i = -\frac{E_m}{\omega L}\cos(\omega t - \theta) + K \tag{4.2-8}$$

となります. ここで，Kは積分定数です. コイルに流れる電流は電圧の変化に応じて変化しますから，直流成分はありません. すなわち，$K = 0$です. 従って，

$$i = -\frac{E_m}{\omega L}\cos(\omega t - \theta)$$

$$= -\frac{E_m}{\omega L}\sin\left(\frac{\pi}{2} - \omega t + \theta\right)$$

$$= \frac{E_m}{\omega L}\sin\left(\omega t - \theta - \frac{\pi}{2}\right) = I_m \sin\left(\omega t - \theta - \frac{\pi}{2}\right) \tag{4.2-9}$$

となり，電流は電圧に比べて$\pi/2$だけ遅れていることがわかります.

一方，コイルで消費される電力は，

$$P = e \cdot i$$

$$= \left\{E_m \sin(\omega t - \theta)\right\}\left\{I_m \sin\left(\omega t - \theta - \frac{\pi}{2}\right)\right\}$$

$$= -E_m I_m \sin(\omega t - \theta)\cos(\omega t - \theta)$$

$$= -\frac{E_m I_m}{2}\sin 2(\omega t - \theta) \tag{4.2-10}$$

となります. これから，コイルでの平均消費電力は

$$P_{ave} = \frac{2}{T}\int_0^{\frac{T}{2}} P\, dt$$

$$= -\frac{E_m I_m}{T}\int_0^{\frac{T}{2}} \sin 2(\omega t - \theta)\, dt$$

$$= 0 \tag{4.2-11}$$

となり，平均的にはコイルは電力を消費しないことがわかります．

（**問題 4-4**）キャパシタンスCのコンデンサの両端に正弦波交流電圧$e = E_m \sin \omega t$を加えた時（容量回路）の，電圧eとコンデンサを流れる電流iの関係を説明せよ．また，コンデンサで消費される平均電力を求めよ．

4.2.3 *RL* 直列回路

　図 4.2-3 のように，抵抗とコイルが直列接続された回路に正弦波交流電圧が印加された場合に，回路に流れる電流を求めてみましょう．

　この*RL*直列回路に対して成立する回路方程式は，

$$Ri + L\frac{di}{dt} = e = E_m \sin(\omega t - \theta) \tag{4.2-12}$$

です．

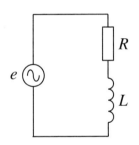

図 4.2-3　*RL* 直列回路

（1）解の形を知らないで解く場合

　式(4.2-12)の微分方程式は定数変化法を適用して解くことができます．少し面倒な計算になりますが，頑張りましょう．まず，強制項$E_m \sin(\omega t - \theta)$を 0 とした微分方程式

$$Ri + L\frac{di}{dt} = 0 \tag{4.2-13}$$

を解きますと，

$$i = Ke^{-\frac{R}{L}t} \tag{4.2-14}$$

となりますね．式 (4.12-14) の積分定数 K を時間 t の関数と見なして式 (4.2-12) に代入しますと，

$$R \cdot K(t)e^{-\frac{R}{L}t} + L\left(K'(t)e^{-\frac{R}{L}t} - K(t)\frac{R}{L}e^{-\frac{R}{L}t}\right) = E_m \sin(\omega t - \theta) \quad (4.2\text{-}15)$$

となり，整理しますと $K(t)$ に関します微分方程式

$$K'(t) = \frac{E_m}{L}e^{\frac{R}{L}t}\sin(\omega t - \theta) \quad (4.2\text{-}16)$$

が得られます．これから，

$$K(t) = \int \frac{E_m}{L}e^{\frac{R}{L}t}\sin(\omega t - \theta)dt + K_1 \quad (4.2\text{-}17)$$

となります．ここで，K_1 は積分定数です．式(4.2-17)の第1項の不定積分は，部分積分を2回行うことで求めることができます．

$$K_2 = \int \frac{E_m}{L}e^{\frac{R}{L}t}\sin(\omega t - \theta)dt \quad (4.2\text{-}18)$$

とします．式(4.2-18)の右辺を部分積分しますと，

$$K_2 = \frac{E_m}{R}e^{\frac{R}{L}t}\sin(\omega t - \theta) - \int \frac{E_m\omega}{R}e^{\frac{R}{L}t}\cos(\omega t - \theta)dt \quad (4.2\text{-}19)$$

となります．もう一回，右辺を部分積分しますと，

$$K_2 = \frac{E_m}{R}e^{\frac{R}{L}t}\sin(\omega t - \theta) - \left(\frac{E_m\omega L}{R^2}e^{\frac{R}{L}t}\cos(\omega t - \theta) - \int \frac{E_m\omega^2 L}{R^2}e^{\frac{R}{L}t}(-\sin(\omega t - \theta))dt\right)$$

$$(4.2\text{-}20)$$

が得られます．すなわち，

$$K_2 = \frac{E_m}{R}e^{\frac{R}{L}t}\sin(\omega t - \theta) - \frac{E_m\omega L}{R^2}e^{\frac{R}{L}t}\cos(\omega t - \theta) - \frac{(\omega L)^2}{R^2}K_2 \quad (4.2\text{-}21)$$

となります．式(4.2-21)から，

$$K_2 = \frac{E_m R}{R^2 + (\omega L)^2} e^{\frac{R}{L}t} \sin(\omega t - \theta) - \frac{E_m \omega L}{R^2 + (\omega L)^2} e^{\frac{R}{L}t} \cos(\omega t - \theta) \tag{4.2-22}$$

と求まります．これを式 (4.2-14) に代入して

$$i = \frac{E_m R}{R^2 + (\omega L)^2} \sin(\omega t - \theta) - \frac{E_m \omega L}{R^2 + (\omega L)^2} \cos(\omega t - \theta) + K_1 e^{-\frac{R}{L}t} \tag{4.2-23}$$

となります．ここで，定常状態（正弦波入力電圧が十分なサイクルの間入力された状態：$t \to \infty$）では

$$K_1 e^{-\frac{R}{L}t} = 0 \tag{4.2-24}$$

が成立しますので，結局，

$$
\begin{aligned}
i &= \frac{R}{R^2 + (\omega L)^2} E_m \sin(\omega t - \theta) - \frac{\omega L}{R^2 + (\omega L)^2} E_m \cos(\omega t - \theta) \\
&= \sqrt{\frac{1}{R^2 + (\omega L)^2}} E_m \sin(\omega t - \theta - \varphi)
\end{aligned}
\tag{4.2-25}
$$

となります．ただし，

$$\tan\varphi = \frac{\omega L}{R} \tag{4.2-26}$$

です．式(4.2-25)と(4.2-26)から，電流の位相は電圧より遅れ，その遅れの大きさは周波数，抵抗，インダクタンスによって決まることがわかります．

（2）解の形が $i = I_m \sin(\omega t - \theta - \varphi)$ であることを利用して解く場合
　式(4.2-12)の微分方程式の解は，一般に，

$$i = I_m \sin(\omega t - \theta - \varphi) \tag{4.2-27}$$

となることが知られています．すなわち，線形回路においては，回路に正弦波電圧を加えた場合に回路に流れる電流は，時間的に正弦波状に変化し，その周波数は電圧の周波数に等しくなります．
　式 (4.2-27) を式 (4.2-12) に代入しますと，

$$R I_m \sin(\omega t - \theta - \varphi) + \omega L I_m \cos(\omega t - \theta - \varphi) = E_m \sin(\omega t - \theta) \tag{4.2-28}$$

となります. 左辺を合成しますと,

$$\sqrt{R^2+(\omega L)^2}\,I_m\sin(\omega t-\theta-\varphi+\tan^{-1}\frac{\omega L}{R})=E_m\sin(\omega t-\theta) \qquad (4.2\text{-}29)$$

となります. この式はすべての時間で成立しますから,

$$\sqrt{R^2+(\omega L)^2}\,I_m=E_m \qquad (4.2\text{-}30)$$

$$\omega t-\theta-\varphi+\tan^{-1}\frac{\omega L}{R}=\omega t-\theta \qquad (4.2\text{-}31)$$

であることが必要です. 従って,

$$I_m=\frac{E_m}{\sqrt{R^2+(\omega L)^2}} \qquad (4.2\text{-}32)$$

$$\varphi=\tan^{-1}\frac{\omega L}{R} \qquad (4.2\text{-}33)$$

となり, 回路に流れる電流は,

$$i=\sqrt{\frac{1}{R^2+(\omega L)^2}}\,E_m\sin(\omega t-\theta-\varphi) \qquad (4.2\text{-}34)$$

となります.

(**問題 4-5**)抵抗 R とキャパシタンス C のコンデンサが直列接続された回路に正弦波交流電圧 $e=E_m\sin\omega t$ を加えた時（RC 直列回路），回路に流れる電流 i を求めよ.

4.2.4 *RLC* 直列回路

図 4.2-4 のような RLC 直列回路に正弦波交流電圧が印加された場合に，回路に流れる電流を求めてみましょう.

この回路に対して成立する回路方程式は,

$$Ri+L\frac{di}{dt}+\frac{1}{C}\int i\,dt=e=E_m\sin(\omega t-\theta) \qquad (4.2\text{-}35)$$

です.

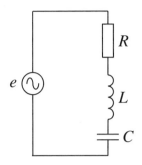

図 4.2-4 *RLC* 直列回路

　この微分方程式は2階の線形微分方程式となっていますので，解析的に解くのはちょっと面倒です．そこで，その解である電流が

$$i = I_m \sin(\omega t - \theta - \varphi) \tag{4.2-27}$$

となることを利用して，式 (4.2-35) を解いてみましょう．

　式 (4.2-27) を式 (4.2-35) に代入しますと，

$$RI_m \sin(\omega t - \theta - \varphi) + \omega L I_m \cos(\omega t - \theta - \varphi) - \frac{1}{\omega C} I_m \cos(\omega t - \theta - \varphi) = E_m \sin(\omega t - \theta)$$

$$\tag{4.2-36}$$

となります．左辺を合成しますと，

$$\sqrt{R^2 + \left(\omega L - \frac{1}{\omega C}\right)^2}\, I_m \sin\left(\omega t - \theta - \varphi + \tan^{-1} \frac{\omega L - \dfrac{1}{\omega C}}{R}\right) = E_m \sin(\omega t - \theta)$$

$$\tag{4.2-37}$$

となります．この式はすべての時間で成立しますから，

$$\sqrt{R^2 + \left(\omega L - \frac{1}{\omega C}\right)^2}\, I_m = E_m \tag{4.2-38}$$

$$\omega t - \theta - \varphi + \tan^{-1} \frac{\omega L - \dfrac{1}{\omega C}}{R} = \omega t - \theta \tag{4.2-39}$$

であることが必要です. 従って,

$$I_m = \frac{E_m}{\sqrt{R^2 + \left(\omega L - \dfrac{1}{\omega C}\right)^2}} \tag{4.2-40}$$

$$\varphi = \tan^{-1} \frac{\omega L - \dfrac{1}{\omega C}}{R} \tag{4.2-41}$$

となり, 回路に流れる電流は,

$$i = \sqrt{\frac{1}{R^2 + \left(\omega L - \dfrac{1}{\omega C}\right)^2}} E_m \sin(\omega t - \theta - \varphi) \tag{4.2-42}$$

となります.

式(4.2-40), (4.2-41)から,

$$\omega_0 L - \frac{1}{\omega_0 C} = 0 \tag{4.2-43}$$

の時, すなわち, $\omega_0 = 1/\sqrt{LC}$ の時, 電流の振幅は最大となり, しかも, 電圧と同位相となります. この時の周波数,

$$f_0 = \frac{\omega_0}{2\pi} = \frac{1}{2\pi\sqrt{LC}} \tag{4.2-44}$$

を**共振周波数**と呼びます. そして, $\omega < 1/\sqrt{LC}$ では, $\varphi < 0$ となることから電流の位相は電圧のそれより進み, $\omega > 1/\sqrt{LC}$ では, $\varphi > 0$ となることから電流の位相は電圧のそれより遅れることが分かります.

４．３　交流の複素表示

　ここでは, まず, 複素数の概念について復習し, その後, 交流の複素表示について説明します.

4.3.1 複素数とその演算
　複素数は, ２乗すると負になる数を扱えるように, 実数を拡張したものです. 複素

数 z は一般に,

$$z = x + jy \tag{4.3-1}$$

と表現されます. ここで, j は**虚数単位**であり, $j^2 = -1$ となる数です. 数学では虚数単位に i を用いますが, 電気, 電子回路では, i は電流を表すのに用いられますので, 虚数単位には j が用いられます. そして, 図 4.3-1 のように, 虚数全体の集合を x 軸を実数方向(**実軸**), y 軸を虚数方向(**虚軸**)とする複素平面上の点と一対一に対応させています. 平面上の点は原点からの距離とある軸に対する角度でも表現できますので, 複素数も原点からの距離と x 軸の正の方向とのなす角度により,

$$z = re^{j\theta} \tag{4.3-2}$$

と表現される場合があります. これは複素数の**極座標表示**と呼ばれます. ここで, r は**絶対値**, θ は**偏角**と呼ばれます. r が絶対値と呼ばれますのは,

$$|z| = \sqrt{x^2 + y^2}$$
$$= r \tag{4.3-3}$$

が成立するからです.

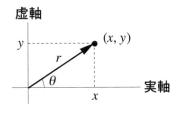

図 4.3-1　複素数

図 4.3-1 からわかりますように,

$$z = r(\cos\theta + j\sin\theta) \tag{4.3-4}$$

ですから, 式 (4.3-2) と (4.3-4) から,

$$e^{j\theta} = \cos\theta + j\sin\theta \tag{4.3-5}$$

が成立します. この式は, **オイラーの公式**と呼ばれます.

さて，複素数に虚数単位の j を掛けたり割ったりするとどうなるか計算してみましょう．まず，j を掛けますと，

$$jz = jr(\cos\theta + j\sin\theta)$$
$$= -r\sin\theta + jr\cos\theta$$
$$= r\cos\left(\theta + \frac{\pi}{2}\right) + jr\sin\left(\theta + \frac{\pi}{2}\right)$$
$$= re^{j\left(\theta + \frac{\pi}{2}\right)} \tag{4.3-6}$$

となり，複素平面上では，原点の周りを正の方向（反時計回り）に 90°回転させることになります．一方，

$$\frac{z}{j} = \frac{r(\cos\theta + j\sin\theta)}{j}$$
$$= r\sin\theta - jr\cos\theta$$
$$= r\cos\left(\theta - \frac{\pi}{2}\right) + jr\sin\left(\theta - \frac{\pi}{2}\right)$$
$$= re^{j\left(\theta - \frac{\pi}{2}\right)} \tag{4.3-7}$$

となることから，j で割ることは，複素平面上では，原点の周りを負の方向（時計回り）に 90°回転させることに対応します．

次に，複素数の四則演算について説明します．2 つの複素数を，

$$z_1 = x_1 + jy_1 = r_1 e^{j\theta_1} \tag{4.3-8}$$
$$z_2 = x_2 + jy_2 = r_2 e^{j\theta_2} \tag{4.3-9}$$

としますと，2 つの複素数の加減乗除は，それぞれ，

$$z_1 + z_2 = (x_1 + jy_1) + (x_2 + jy_2)$$
$$= (x_1 + x_2) + j(y_1 + y_2) \tag{4.3-10}$$

$$z_1 - z_2 = (x_1 + jy_1) - (x_2 + jy_2)$$
$$= (x_1 - x_2) + j(y_1 - y_2) \tag{4.3-11}$$

$$z_1 z_2 = \left(r_1 e^{j\theta_1}\right)\left(r_2 e^{j\theta_2}\right)$$

$$
\begin{aligned}
&= \left(r_1(\cos\theta_1 + j\sin\theta_1) \right)\left(r_2(\cos\theta_2 + j\sin\theta_2) \right) \\
&= r_1 r_2 (\cos\theta_1 + j\sin\theta_1)(\cos\theta_2 + j\sin\theta_2) \\
&= r_1 r_2 \left((\cos\theta_1 \cos\theta_2 - \sin\theta_1 \sin\theta_2) + j(\cos\theta_1 \sin\theta_2 + \sin\theta_1 \cos\theta_2) \right) \\
&= r_1 r_2 \left(\cos(\theta_1 + \theta_2) + j\sin(\theta_1 + \theta_2) \right) \\
&= r_1 r_2 e^{j(\theta_1 + \theta_2)}
\end{aligned}
\tag{4.3-12}
$$

$$
\begin{aligned}
\frac{z_1}{z_2} &= \frac{r_1 e^{j\theta_1}}{r_2 e^{j\theta_2}} \\
&= \frac{r_1}{r_2} e^{j(\theta_1 - \theta_2)}
\end{aligned}
\tag{4.3-13}
$$

となります．ここで，式(4.3-12)と(4.3-13)のように，２つの複素数の乗除が極座標表示を用いますと，絶対値の乗除と偏角の和，差で与えられることに注目して下さい．

（**問題 4-6**）式(4.3-12) を確かめよ．

時間 t に関する複素関数

$$
z(t) = A e^{j\omega t}
\tag{4.3-14}
$$

の時間微分は以下のようになります．

$$
\begin{aligned}
\frac{dz(t)}{dt} &= \frac{d}{dt}\left\{ A \cdot (\cos\omega t + j\sin\omega t) \right\} \\
&= -\omega A \sin\omega t + j\omega A \cos\omega t \\
&= j\omega A(\cos\omega t + j\sin\omega t) \\
&= j\omega z(t)
\end{aligned}
\tag{4.3-15}
$$

この関係から，極座標表示の複素数の微積分は，虚数単位 j を定数と考えて通常の指数関数の微積分と同様に扱ってよいことがわかります．すなわち，式 (4.3-14) の複素関数の時間積分は，

$$
\int z(t)dt = \frac{1}{j\omega} A e^{j\omega t}
\tag{4.3-16}
$$

となります．

4.3.2 複素電圧，複素電流

前節の RL 直列回路や RLC 直列回路で説明しましたように，線形回路に正弦波電圧を加えた時に回路に流れる電流は，電圧と同じ周波数の正弦波となります．従って，回路に成立する微分方程式を解くことは，電流の振幅と位相を求めることと等価となります．これを見通し良く計算するために，電圧や電流の実効値を絶対値に，位相を偏角に対応づけて表示することが行われています．すなわち，

$$v = V_m \sin(\omega t - \theta) \tag{4.3-17}$$

$$i = I_m \sin(\omega t - \theta + \varphi) \tag{4.3-18}$$

は，電圧を基準にとり，それぞれ，$\dot{V}$，$\dot{I} \angle \varphi$ と表示されます．このように表現された電圧や電流は，それぞれ，**複素電圧**，**複素電流**と呼ばれます．

複素電圧の時間微分や時間積分は，

$$\frac{dv}{dt} = \omega V_m \cos(\omega t - \theta) \tag{4.3-19}$$

$$\int v \, dt = -\frac{V_m}{\omega} \cos(\omega t - \theta) \tag{4.3-20}$$

となります．

ここで，複素関数

$$v_C(t) = V_m e^{j(\omega t - \theta)}$$

$$= V_m \left(\cos(\omega t - \theta) + j \sin(\omega t - \theta) \right) \tag{4.3-21}$$

を考えてみましょう．この複素関数の時間微分，時間積分は，式(4.3-15)，(4.3-16)から

$$\frac{dv_C(t)}{dt} = j\omega V_m \left(\cos(\omega t - \theta) + j \sin(\omega t - \theta) \right)$$

$$= V_m \left(-\omega \sin(\omega t - \theta) + j\omega \cos(\omega t - \theta) \right) \tag{4.3-22}$$

$$\int v_C(t) \, dt = \frac{V_m}{j\omega} \left(\cos(\omega t - \theta) + j \sin(\omega t - \theta) \right)$$

$$= V_m \left\{ \frac{1}{\omega} \sin(\omega t - \theta) + j \left(-\frac{1}{\omega} \right) \cos(\omega t - \theta) \right\} \tag{4.3-23}$$

となります. 式(4.3-17)と(4.3-21), 式(4.3-19)と(4.3-22), および, 式(4.3-20)と(4.3-23)を見比べますと, 複素電圧vは複素関数$v_C(t)$の虚部と同じとなっていることがわかります.

　以上のことから, 複素電圧vは複素関数$v_C(t)$の虚軸への写像となっており, 時間微分や時間積分の扱いは複素関数$v_C(t)$のそれらと同じとなっています. すなわち, 次の記号変換が成立します.

$$v \quad\quad \langle\text{---}\rangle \quad\quad \dot{V} \quad\quad\quad\quad\quad\quad (4.3\text{-}24)$$

$$i \quad\quad \langle\text{---}\rangle \quad\quad \dot{I} \quad\quad\quad\quad\quad\quad (4.3\text{-}25)$$

$$\frac{d}{dt} \quad\quad \langle\text{---}\rangle \quad\quad j\omega \quad\quad\quad\quad\quad\quad (4.3\text{-}26)$$

$$\int dt \quad\quad \langle\text{---}\rangle \quad\quad \frac{1}{j\omega} \quad\quad\quad\quad\quad\quad (4.3\text{-}27)$$

４．４　複素電圧, 複素電流を用いた交流回路の解析

　ここでは, 4.2 節で解析した抵抗回路 (図 4.2-1), 誘導回路 (図 4.2-2), および, 図4.4-1 の容量回路に対して, 前節で導入しました複素電圧と複素電流を用いて, それらの動作を解析し, インピーダンスの概念を説明します. その後, いくつかの簡単なRLC回路に対する複素電圧と複素電流を用いた解析を説明することにより, 正弦波交流電圧が加えられた時に有用で簡便な解析方法を学びます.

　本節では, 回路に加える正弦波交流電圧は, $e = E_m \sin(\omega t - \theta)$とします.

図 4.2-1　抵抗回路　　　図 4.2-2　誘導回路　　　図 4.4-1　容量回路

4.4.1 抵抗回路

　複素電圧, 複素電流を用いて回路に成り立つ方程式を表現しますと,

$$\dot{E} = R\dot{I} \quad\quad\quad\quad\quad\quad (4.4\text{-}1)$$

となります. これから,

$$\dot{I} = \frac{\dot{E}}{R} \tag{4.4-2}$$

となり，抵抗に流れる電流 i は，

$$i = \frac{E_m}{R}\sin(\omega t - \theta) \tag{4.4-3}$$

と求まります.

　式 (4.4-2) は形式的にはオームの法則と同じとなっています．そこで，R を抵抗の**インピーダンス**と呼んでいます.

4.4.2 誘導回路

　複素電圧，複素電流を用いて回路に成り立つ方程式を表現しますと，

$$
\begin{aligned}
\dot{E} &= L\frac{d\dot{I}}{dt} \\
&= j\omega L\dot{I}
\end{aligned} \tag{4.4-4}
$$

となります．これから，

$$\dot{I} = \frac{\dot{E}}{j\omega L} \tag{4.4-5}$$

となり，抵抗に流れる電流 i は，

$$i = \frac{E_m}{\omega L}\sin(\omega t - \theta - \frac{\pi}{2}) \tag{4.4-6}$$

と求まります.

　式 (4.4-5) は形式的にはオームの法則と同じとなっていますので，$j\omega L$ をコイルの**インピーダンス**と呼んでいます.

4.4.3 容量回路

　複素電圧，複素電流を用いて回路に成り立つ方程式を表現しますと，

$$\dot{E} = \frac{1}{C}\int \dot{I}\,dt$$

$$= \frac{1}{j\omega C}\dot{I} \tag{4.4-7}$$

となります．これから，

$$\dot{I} = \frac{\dot{E}}{\dfrac{1}{j\omega C}}$$

$$= j\omega C\dot{E} \tag{4.4-8}$$

となり，抵抗に流れる電流 i は，

$$i = \omega C E_m \sin(\omega t - \theta + \frac{\pi}{2}) \tag{4.4-9}$$

と求まります．

　式 (4.4-8) は形式的にはオームの法則と同じとなっていますので，$1/j\omega C$ をコンデンサの**インピーダンス**と呼んでいます．

4.4.4 *RL* 直列回路

　図 4.2-3 の *RL* 直列回路に対して成立する回路方程式は，

$$Ri + L\frac{di}{dt} = e = E_m \sin(\omega t - \theta) \tag{4.2-12}$$

でしたね．これを複素電圧，複素電流を用いて書き直しますと，

$$R\dot{I} + L\frac{d\dot{I}}{dt} = \dot{E} \tag{4.4-10}$$

となります．すなわち，

$$R\dot{I} + j\omega L\dot{I} = \dot{E} \tag{4.4-11}$$

となります．

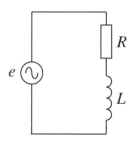

図 4.2-3　*RL* 直列回路

式(4.4-11)から回路を流れる電流に対する複素電流は,

$$\dot{I} = \frac{1}{R + j\omega L}\dot{E}$$

$$= \frac{R - j\omega L}{R^2 + (\omega L)^2}\dot{E} \tag{4.4-12}$$

となります. これから, 回路を流れる電流 i は,

$$i = \frac{R}{R^2 + (\omega L)^2}E_m\sin(\omega t - \theta) - \frac{\omega L}{R^2 + (\omega L)^2}E_m\sin(\omega t - \theta + \frac{\pi}{2})$$

$$= \frac{R}{R^2 + (\omega L)^2}E_m\sin(\omega t - \theta) - \frac{\omega L}{R^2 + (\omega L)^2}E_m\cos(\omega t - \theta)$$

$$= \sqrt{\frac{1}{R^2 + (\omega L)^2}}E_m\sin(\omega t - \theta - \varphi) \tag{4.4-13}$$

となります. ただし,

$$\tan\varphi = \frac{\omega L}{R} \tag{4.4-14}$$

です. このように, 複素電圧, 複素電流を用いますと, まともに微分方程式(4.2-12) を解くと複雑であった正弦波入力電圧に対する回路の応答(回路を流れる電流)が, 比較的簡単な計算で求まることがわかるでしょう.

(**問題 4-7**) 図 4.4-2 に示す *RC* 直列回路に正弦波交流電圧 $e = E_m\sin\omega t$ を加えた時, 回路に流れる電流 i を交流の複素表示を用いて求めよ.

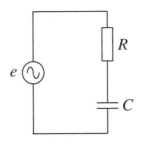

図 4.4-2　*RC* 直列回路

4.4.5 *RLC* 直列回路

図 4.2-4 の *RLC* 直列回路に対して成立する回路方程式は,

$$Ri + L\frac{di}{dt} + \frac{1}{C}\int i\,dt = e = E_m\sin(\omega t - \theta) \tag{4.2-35}$$

でしたね. これを複素電圧, 複素電流を用いて書き直しますと,

$$R\dot{I} + L\frac{d\dot{I}}{dt} + \frac{1}{C}\int \dot{I}\,dt = \dot{E} \tag{4.4-15}$$

となります. すなわち,

$$R\dot{I} + j\omega L\dot{I} + \frac{1}{j\omega C}\dot{I} = \dot{E} \tag{4.4-16}$$

となります.

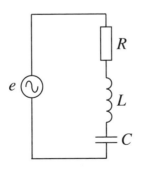

図 4.2-4　*RLC* 直列回路

式(4.4-16)から回路を流れる電流に対する複素電流は,

63

$$i = \cfrac{1}{R + j\left(\omega L - \cfrac{1}{\omega C}\right)} \dot{E} = \cfrac{R - j\left(\omega L - \cfrac{1}{\omega C}\right)}{R^2 + \left(\omega L - \cfrac{1}{\omega C}\right)^2} \dot{E} \tag{4.4-17}$$

となります．これから，回路を流れる電流 i は，

$$i = \cfrac{R}{R^2 + \left(\omega L - \cfrac{1}{\omega C}\right)^2} E_m \sin(\omega t - \theta) - \cfrac{\left(\omega L - \cfrac{1}{\omega C}\right)}{R^2 + \left(\omega L - \cfrac{1}{\omega C}\right)^2} E_m \sin(\omega t - \theta + \cfrac{\pi}{2})$$

$$= \cfrac{R}{R^2 + \left(\omega L - \cfrac{1}{\omega C}\right)^2} E_m \sin(\omega t - \theta) - \cfrac{\left(\omega L - \cfrac{1}{\omega C}\right)}{R^2 + \left(\omega L - \cfrac{1}{\omega C}\right)^2} E_m \cos(\omega t - \theta)$$

$$= \sqrt{\cfrac{1}{R^2 + \left(\omega L - \cfrac{1}{\omega C}\right)^2}} E_m \sin(\omega t - \theta - \varphi) \tag{4.4-18}$$

となります．ただし，

$$\tan \varphi = \cfrac{\omega L - \cfrac{1}{\omega C}}{R} \tag{4.4-19}$$

です．

第5章　伝送行列とフィルタ回路解析

　電気・電子回路では回路をよくブラックボックスとして扱います．回路には入力端子が2つ，出力端子が2つありますので，4端子回路とか2端子対回路とか呼ばれ，それらの特性や動作を表現する方法が多数考えられています．それらの方法では，主に行列表現により特性や動作を表現していますので，これらの行列は「〇〇行列」と呼ばれています．例えば，4端子回路のインピーダンスを表すインピーダンス行列や，本章で扱う伝送行列（F行列）などがあります．特に，伝送行列は回路の動作解析において便利な行列です．

　本章では，伝送行列を紹介し，それを用いたフィルタ回路の解析を説明します．

５．１　伝送行列（F行列）とその性質

5.1.1　伝送行列（F行列）

　4端子回路（2端子対回路）は，図 5.1-1 のように図示することができます．伝送行列を考える場合には，図のように，入力と出力での電圧と電流を定義します．ここで，**出力側の電流の向きが回路から出ていく方向に定義**されていることに注意して下さい．これは，複数の4端子回路を**縦続接続**（図 5.1-2 のように，回路の出力端子を次の回路の入力端子に接続すること）する場合に，前段の出力電流の向きと後段の入力電流の向きが一致して，解析に便利だからです．

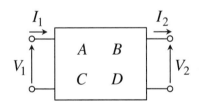

図 5.1-1　4端子回路

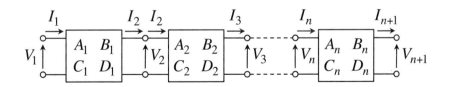

図 5.1-2　4端子回路の縦続接続

さて，図 5.1-1 のように定義した電圧と電流の関係を

$$V_1 = AV_2 + BI_2 \tag{5.1-1}$$
$$I_1 = CV_2 + DI_2 \tag{5.1-2}$$

と表現します．ここで，左辺が入力電圧と入力電流になっていて，**入力電圧と入力電流が出力電圧と出力電流の関係として表現されている**ことに注意して下さい．この関係を行列表現に直しますと，

$$\begin{bmatrix} V_1 \\ I_1 \end{bmatrix} = \begin{bmatrix} A & B \\ C & D \end{bmatrix} \begin{bmatrix} V_2 \\ I_2 \end{bmatrix} \tag{5.1-3}$$

となります．ここで，要素が A，B，C，D の 2 行 2 列の行列は**伝送行列（F 行列）**と呼ばれます．F 行列の F は fundamental の意味です．各要素は，それぞれ，

A：開放電圧減衰率，

B：短絡伝達インピーダンス，

C：開放伝達アドミッタンス，および，

D：短絡電流減衰率

と呼ばれています．

　4 端子回路が与えられたとして，伝送行列の各要素は次のようにして測定可能です．ただし，厳密な測定では，理想的な電圧計と電流計が必要ですが．まず，開放電圧減衰率 A を考えてみましょう．この場合は，式 (5.1-1) で考えます．電圧計を 2 つ用いれば入力電圧 V_1 と出力電圧 V_2 は測ることができますね．未知数は A と B です．さて，どうしましょう？　方程式は解けないですね．数学の問題では，A と B の組み合わせは無限大個あり「解なし」で終わりです．これでは情けないですね．ちょっと工夫してみましょう．今 A を考えていますから，B が邪魔です．B を消す方法はないでしょうか？　ありますね．そうです．$I_2 = 0$ の条件で測定すればよいのです．具体的には，図 5-1-3(a) のように，出力側の 2 つの端子を**開放**（つながないこと）すればよいのです．空気は絶縁体と見なせますから，つながなければ電流は流れませんね．すると，

$$A = \left. \frac{V_1}{V_2} \right|_{I_2 = 0} \tag{5.1-4}$$

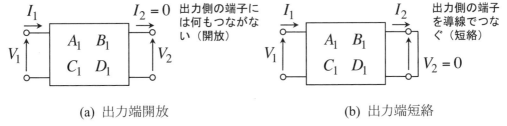

(a) 出力端開放　　　　　　　　　　　(b) 出力端短絡

図 5.1-3　出力端開放と短絡

のように開放電圧減衰率 A が求まります．次に，短絡伝達インピーダンス B を測定することを考えます．この場合も，式(5.1-1)を考えればよいことは分かりますね．$V_2 = 0$ の条件で測定すればよいですね．これは，出力端子を**短絡**（導線で接続すること）すれば実現できます．従って，

$$B = \left.\frac{V_1}{I_2}\right|_{V_2=0} \tag{5.1-5}$$

のように短絡伝達インピーダンス B が求まります．同様に式(5.1-2)から，開放伝達アドミッタンス C や短絡電流減衰率 D も

$$C = \left.\frac{I_1}{V_2}\right|_{I_2=0} \tag{5.1-6}$$

$$D = \left.\frac{I_1}{I_2}\right|_{V_2=0} \tag{5.1-7}$$

のように求めることができます．

　回路が与えられて伝送行列を求める場合には，次節で説明します伝送行列の性質から，図 5.1-4 に示します2つの基本的な回路の伝送行列を導き出せれば十分です．図 5.1-4(a)の基本的な回路に対しては，キルヒホッフの法則から回路に成り立つ回路方程式は，

$$\begin{cases} V_1 = V_2 + ZI_2 \\ I_1 = I_2 \end{cases} \tag{5.1-8}$$

となります．従って，伝送行列は，

$$\mathbf{F} = \begin{bmatrix} 1 & Z \\ 0 & 1 \end{bmatrix} \qquad\qquad (5.1\text{-}9)$$

となります．一方，図 5.1-4(b)の基本的な回路に対しては，回路方程式は，

$$\begin{cases} V_1 = V_2 \\ I_1 = V_2/Z + I_2 \end{cases} \qquad\qquad (5.1\text{-}10)$$

となり，伝送行列は，

$$\mathbf{F} = \begin{bmatrix} 1 & 0 \\ 1/Z & 1 \end{bmatrix} \qquad\qquad (5.1\text{-}11)$$

と求まります．

(a) 基本回路 1 　　　　　 (b) 基本回路 2

図 5.1-4 　基本的な 4 端子回路

5.1.2 　伝送行列の性質

伝送行列には，回路の解析において有用な 2 つの性質があります．それらは，

(1) 伝送行列の行列式は，線形回路では 1 となる，および，

(2) 4 端子回路の縦続接続では，全体の伝送行列は各々の回路の伝送行列の積となる

です．

まず，性質 1 を説明しましょう．これは，4 端子回路が線形回路である場合には，

$$|\mathbf{F}| = AD - BC = 1 \qquad\qquad (5.1\text{-}12)$$

となることです．出力電圧や出力電流を入力電圧や入力電流で表現したい場合には式 (5.1-3)の逆行列を求める必要がありますが，この性質から伝送行列の逆行列が簡単に求まります．すなわち，

$$\begin{bmatrix} V_2 \\ I_2 \end{bmatrix} = \begin{bmatrix} D & -B \\ -C & A \end{bmatrix} \begin{bmatrix} V_1 \\ I_1 \end{bmatrix} \tag{5.1-13}$$

となります.

　性質 2 は複雑な回路の伝送行列を求める場合に有用です. 図 5.1-2 のように, 回路の出力端子を次の回路の入力端子に接続することを縦続接続と呼ぶことはすでに説明しましたが, 縦続接続された全体の伝送行列 $\mathbf{F}_T$ は, 各々の伝送行列の積で与えられます. すなわち,

$$\mathbf{F}_T = \begin{bmatrix} A_1 & B_1 \\ C_1 & D_1 \end{bmatrix} \begin{bmatrix} A_2 & B_2 \\ C_2 & D_2 \end{bmatrix} \cdots \begin{bmatrix} A_n & B_n \\ C_n & D_n \end{bmatrix} \tag{5.1-14}$$

となります.

　性質 2 を利用して, 図 5.1-5 のような, ちょっとだけ複雑な回路の伝送行列を求めてみましょう.

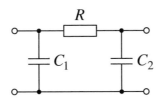

図 5.1-5　π 型 4 端子回路

　この π 型 4 端子回路は, 図 5.1-6 のように, 基本的な 4 端子回路が 3 つ縦続接続されたものです. 従って, 性質 2 から,

$$\mathbf{F} = \begin{bmatrix} 1 & 0 \\ j\omega C_1 & 1 \end{bmatrix} \begin{bmatrix} 1 & R \\ 0 & 1 \end{bmatrix} \begin{bmatrix} 1 & 0 \\ j\omega C_2 & 1 \end{bmatrix}$$

$$= \begin{bmatrix} 1 + j\omega C_2 R & R \\ -\omega^2 C_1 C_2 R + j\omega(C_1 + C_2) & 1 + j\omega C_1 R \end{bmatrix} \tag{5.1-15}$$

のように伝送行列が求まります.

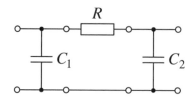

図 5.1-6　π 型 4 端子回路の基本的な 4 端子回路の縦続接続表現

（問題 **5-1**）図 5.1-7 のそれぞれの 4 端子回路の伝送行列を求めよ.

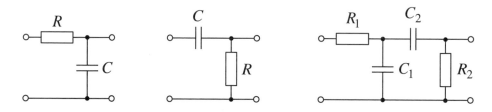

(a) RC ローパスフィルタ　(b) CR ハイパスフィルタ　(c) バンドパス RC フィルタ
図 5.1-7　フィルタ回路例

５．２　フィルタ回路とその特性解析

5.2.1　フィルタ回路とその特性表現

　フィルタとは,『三省堂国語辞典』(1960) によれば,「1. じゃまなものや有害なものを取り除くしかけ. 濾過装置. 2. 写りをよくするためにレンズの前につける色ガラス」となっています. いずれの意味でも, 必要なものだけを残す仕組みということです. 写真の場合では, 眼よりも紫外線の感度のよい写真用フィルムに当たる紫外線の量を調節して, 遠くの風景を明瞭に写すための紫外線カットフィルタがよく用いられています.

　電子回路にも**フィルタ回路**と呼ばれる一群の回路があります. では, フィルタ回路では何が必要なものでしょうか？　電子回路では信号源の電圧の波を処理して, 電波や音波の形で遠くへ伝送したり, 電波で送られてきた信号を復号してテレビ映像として取り出したりします. この時, 様々な要因でノイズが信号に混入してきます. もともとフィルタ回路はこれらのノイズを除去する目的で考え出されました. ノイズは非常に小刻みな揺らぎですから, 一般的に周波数が高いです. 従って, フィルタ回路では, **周波数によって信号の振幅減衰率を変化させる**ことで, 所望の周波数帯だけの信号を取り出すようになっています. 図 5.2-1 にフィルタの概念とフィルタ回路の対比を示します.

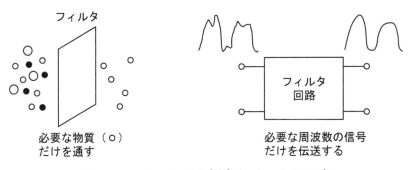

図 5.2-1　フィルタの概念とフィルタ回路

　では，必要な周波数帯だけの信号を取り出すためのフィルタ回路を設計するために
は，どんな指標でフィルタ回路の特性を表現すればよいでしょうか？　まず，入力信
号の周波数に対するフィルタ回路での信号の減衰率のグラフが必要ですね．それから，
入力信号は交流であり，交流では位相も大事ですから，入力信号の周波数に対する出
力信号の位相差のグラフも必要です．これらをまとめて表現したものが，**ボード線図**
です．ボード線図は，減衰率を表す**ゲイン曲線**と位相差を表す**位相曲線**から成ってい
ます．ボード線図は制御工学でも，古典制御理論において，制御装置の特性を評価す
るためによく用いられますのでしっかりマスターしておいて下さい．また，詳しくは
それぞれのフィルタ回路で説明しますが，単純なフィルタ回路はしばしば微分回路や
積分回路としても用いられますので，ステップ状（階段状）の信号が入力された場合
の回路の応答も，回路の特性の1つに加えておくのがよいでしょう．

　次節以降では，具体的なフィルタ回路を対象に，主にボード線図の描き方の説明を
中心として，それぞれのフィルタ回路の特性を説明します．

5.2.2　*RC* ローパスフィルタ回路のボード線図

　最初は，図 5.2-2 に示す*RC* ローパスフィルタ回路です．「ローパス」とは，低い（low）
周波数の信号を通過させる（pass）という意味です．回路のコンデンサと抵抗の組み
合わせを選ぶことによって，通過させる信号の上側の周波数を調節できます．

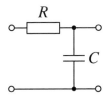

図 5.2-2　*RC* ローパスフィルタ回路

この RC ローパスフィルタ回路の伝送行列は，

$$
\mathbf{F} = \begin{bmatrix} 1 & R \\ 0 & 1 \end{bmatrix} \begin{bmatrix} 1 & 0 \\ j\omega C & 1 \end{bmatrix} = \begin{bmatrix} 1 + j\omega CR & R \\ j\omega C & 1 \end{bmatrix} \tag{5.2-1}
$$

となります．

　一方，ボード線図を描くためには，**伝達関数**を求める必要があります．伝達関数は古典制御理論で用いられる概念です．図 5.2-3 のように，入力に $x(t)$ を加えた時に出力 $y(t)$ が得られるような伝達要素に対して，伝達関数は，**初期値をすべて 0 とした時の出力のラプラス変換に対する入力のラプラス変換の比**として定義されています．すなわち，入力 $x(t)$ と出力 $y(t)$ のラプラス変換を，それぞれ，$X(s)$，$Y(s)$ としますと，

$$
G(s) = \frac{Y(s)}{X(s)} \tag{5.2-2}
$$

で与えられます．

図 5.2-3　伝達関数

　まだ，伝送行列と伝達関数の関係を説明しておりませんので，ここでは回路に成立する回路方程式から伝達関数を求めます．左側の 2 つの端子間に印加する入力電圧を v_i，右側の 2 つの端子間に現れる出力電圧を v_o，また，抵抗 R を流れる電流を i としますと，キルヒホッフの第 2 法則から回路に成立する回路方程式は，

$$
Ri + \frac{1}{C}\int i\,dt = v_i \tag{5.2-3}
$$

となります．また，出力電圧 v_o は，

$$
v_o = \frac{1}{C}\int i\,dt \tag{5.2-4}
$$

72

となります．これらの方程式を，初期値をすべて0としてラプラス変換しますと，

$$RI(s) + \frac{1}{C}\frac{I(s)}{s} = V_i(s) \tag{5.2-5}$$

$$V_o(s) = \frac{1}{C}\frac{I(s)}{s} \tag{5.2-6}$$

が得られます．式(5.2-5)と(5.2-6)から，$I(s)$を消去して整理しますと，

$$G(s) = \frac{V_o(s)}{V_i(s)} = \frac{1}{1+sCR} \tag{5.2-7}$$

となり，周波数がωの交流の入力電圧を考える場合には，sを$j\omega$に書き換えて，

$$G(j\omega) = \frac{V_o(j\omega)}{V_i(j\omega)} = \frac{1}{1+j\omega CR} \tag{5.2-8}$$

となります．

　ここで，式(5.2-1)と式(5.2-8)を見比べますと，式(5.2-8)の右辺は伝送行列の開放電圧減衰率Aの逆数となっていることがわかります．すなわち，伝達関数は伝送行列の開放電圧減衰率Aの逆数で与えられます．従って，4端子回路の伝達関数を求めるためには，伝送行列を計算し，開放電圧減衰率Aの逆数を求めればよいのです．

　さて，ボード線図はゲイン曲線と位相曲線から構成されることはすでに述べました．これらの曲線は，増幅度（ゲイン）と入出力電圧の位相差を周波数の関数として描いたものです．そして，ゲインは伝達関数の絶対値から求まり，位相差は式(5.2-8)の実部と虚部の比の逆正接関数で与えられます．すなわち，ゲインgは

$$g = 20\log_{10}|G(j\omega)| \quad [\text{dB}] \tag{5.2-9}$$

で与えられます．また，位相差φは伝達関数を

$$G(j\omega) = a + jb \tag{5.2-10}$$

と表す時，

$$\varphi = \tan^{-1}\frac{b}{a} \tag{5.2-11}$$

で計算されます．式(5.2-8)から実際に計算しますと，

$$g = -20 \log_{10} \sqrt{1 + (\omega CR)^2} \quad \text{[dB]} \tag{5.2-12}$$

$$\varphi = -\tan^{-1} \omega CR \tag{5.2-13}$$

と求まります．ゲイン曲線と位相曲線は，それぞれ，周波数 ω を横軸にしてグラフを描けばよいのですが，単純な曲線ではありませんので ω のいくつかの値に対してゲインと位相差を求めて，それぞれの曲線の大凡の形を把握してみましょう．ω の値としては，

(1) $\omega \to 0$ の極限（直流の場合），

(2) $\omega CR = 1$ となる ω の値，

(3) $\omega \to \infty$ の極限

の３通りを考えます．

ゲイン曲線に対しては，

(1) $\omega \to 0$ で　　　　　　　　　　$g \to 0$ [dB]，すなわち，増幅も減衰もしない，

(2) $\omega CR = 1$ となる ω の値で　　$g = -10 \log_{10} 2 \approx -3.01$ [dB]，

(3) $\omega \to \infty$ で　　　　　　　　　$g \to -20 \log_{10} \omega CR$ [dB]

となることがわかるでしょう．従って，ω の値が大きくなりますと，周波数が 10 倍になる毎にゲインは 20 dB ずつ下がります．すなわち，高周波の信号は通さないことがわかります．ここで，$\omega CR = 1$ となる ω は折点周波数と呼ばれています．これは，ゲイン曲線の概形を描く場合に，横軸を対数目盛として，この周波数までは $g = 0$ と近似してグラフを描き，折点周波数を超えると周波数が 10 倍毎に 20 dB 下がる直線で近似して描くからです．また，位相曲線では，

(1) $\omega \to 0$ で　　　　　　　　　　$\varphi \to 0$ [°]，すなわち，位相差はない，

(2) $\omega CR = 1$ となる ω の値で　　$\varphi = -45$ [°]，

(3) $\omega \to \infty$ で　　　　　　　　　$\varphi \to -90$ [°]，すなわち，出力電圧は遅れる

となります．以上から，RC ローパスフィルタ回路のボード線図は図 5.2-4 のようになります．

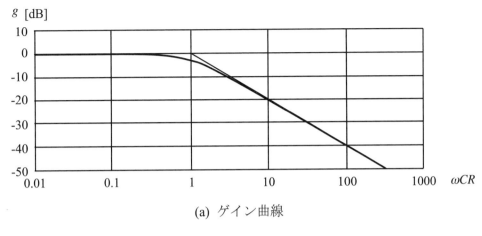

(a) ゲイン曲線

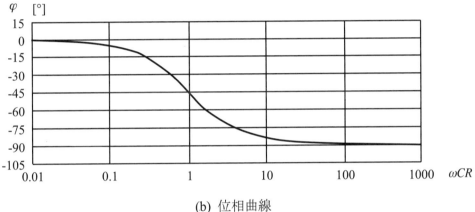

(b) 位相曲線

図 5.2-4　*RC* ローパスフィルタ回路のボード線図

5.2.3　*CR* ハイパスフィルタ回路のボード線図

　次に, 図 5.2-5 に示す *CR* ハイパスフィルタ回路を考えましょう.「ハイパス」とは, 高い（high）周波数の信号を通過させる（pass）という意味です. 回路のコンデンサと抵抗の組み合わせを選ぶことによって, 通過させる信号の下側の周波数を調節できます.

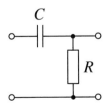

図 5.2-5　*CR* ハイパスフィルタ回路

このCRハイパスフィルタ回路の伝送行列は,

$$\mathbf{F} = \begin{bmatrix} 1 & 1/j\omega C \\ 0 & 1 \end{bmatrix} \begin{bmatrix} 1 & 0 \\ 1/R & 1 \end{bmatrix} = \begin{bmatrix} 1+1/j\omega CR & 1/j\omega C \\ 1/R & 1 \end{bmatrix} \tag{5.2-14}$$

となります. 伝達関数は伝送行列の開放電圧減衰率 A の逆数ですから,

$$G(j\omega) = \frac{j\omega CR}{1 + j\omega CR} \tag{5.2-15}$$

となります. これから, ゲイン g と位相差 φ は, それぞれ,

$$g = -20\log_{10}\sqrt{1+\left(\frac{1}{\omega CR}\right)^2} \quad [\text{dB}] \tag{5.2-16}$$

$$\varphi = \tan^{-1}\frac{1}{\omega CR} \tag{5.2-17}$$

と求まります. RC ローパスフィルタ回路の場合と同様に ω の値として,

(1) $\omega \to 0$ の極限 (直流の場合),
(2) $\omega CR = 1$ となる ω の値,
(3) $\omega \to \infty$ の極限

の3通りの場合を考えましょう.
　ゲイン曲線に対しては,

(1) $\omega \to 0$ で 　　　　　$g \to 20\log_{10}\omega CR$ [dB],
(2) $\omega CR = 1$ となる ω の値で 　$g = -10\log_{10}2 \approx -3.01$ [dB],
(3) $\omega \to \infty$ で 　　　　$g \to 0$ [dB], すなわち, 増幅も減衰もしない

となり, ω の値が小さい, すなわち, 低周波の信号は通さないことがわかります.
また, 位相曲線では,

(1) $\omega \to 0$ で 　　　　　$\varphi \to 90$ [°], すなわち, 出力電圧は進む,
(2) $\omega CR = 1$ となる ω の値で 　$\varphi = 45$ [°],
(3) $\omega \to \infty$ で 　　　　$\varphi \to 0$ [°], すなわち, 位相差はない

となります. 以上から, CR ハイパスフィルタ回路のボード線図は図 5.2-6 のように

なります.

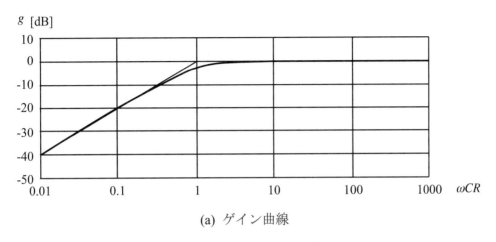

(a) ゲイン曲線

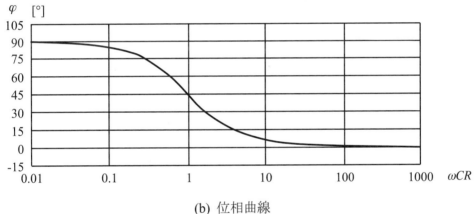

(b) 位相曲線

図 5.2-6 *CR*ハイパスフィルタ回路のボード線図

（**問題 5-2**）図 5.2-7 の回路のボード線図を描け.

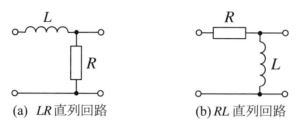

(a) *LR* 直列回路　　　　　(b) *RL* 直列回路

図 5.2-7　*L* と *R* を直列に接続した回路

5.2.4　*RC* ローパスフィルタ回路のステップ入力応答

　次に，ステップ状の入力電圧信号が与えられた時の出力電圧について考えてみましょう．ステップ状の入力電圧信号とは，ある時刻 t までは v_1 であったものが，時刻 t で瞬間的に v_2 に変化するような入力電圧信号です.

　ここでは，簡単のために，最初入力電圧は 0 とし時刻 0 で v_i にステップ状に変化したものとします. また，初期状態では，コンデンサ C の電荷 q は 0 とします. この時，入力電圧が v_i にステップ状に変化した後に成り立つ回路方程式は，図 5.2-8 のように，電流 i，出力電圧 v_0 をとりますと,

$$Ri + \frac{1}{C}\int i\,dt = v_i \tag{5.2-18}$$

$$v_o = \frac{1}{C}\int i\,dt \tag{5.2-19}$$

となります. ここで，$i = dq/dt$，すなわち，$q = \int i\,dt$ を用いて q の式に書き換えますと,

$$R\frac{dq}{dt} + \frac{1}{C}q = v_i \tag{5.2-20}$$

$$v_o = \frac{1}{C}q \tag{5.2-21}$$

となります. 式 (5.2-20) の微分方程式を初期値 $q = 0$ のもとで解き，式 (5.2-21) から出力電圧の時間変化を求めればよいのです. 微分方程式は解析的に解く方法とラプラス変換を用いる方法があることはご存じですね. まず，解析的に解き，その後，ラプラス変換を用いて解いてみましょう.

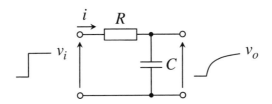

図 5.2-8　*RC* ローパスフィルタ回路のステップ応答

（1）解析的に解く方法

　式 (5.2-20) のような微分方程式は定数変化法を用いて解きます．そのために，まず，(右辺)=0 とした微分方程式，すなわち，

$$R\frac{dq}{dt}+\frac{1}{C}q=0 \tag{5.2-22}$$

を解きます．この微分方程式は変数分離の形ですから，簡単に解けますね．少し変形して，

$$\frac{dq}{dt}=-\frac{1}{CR}q \tag{5.2-23}$$

から，

$$q=Ke^{-\frac{1}{CR}t} \tag{5.2-24}$$

となります．ここで，K は積分定数です．定数変化法では，K を時間の関数として式 (5.2-24) の解を元の微分方程式に代入して，K の微分方程式を解くことがコツです．

$$q=K(t)e^{-\frac{1}{CR}t} \tag{5.2-25}$$

としますと，

$$\frac{dq}{dt}=K'(t)e^{-\frac{1}{CR}t}-\frac{K(t)}{CR}e^{-\frac{1}{CR}t} \tag{5.2-26}$$

となりますので，式 (5.2-25) と式 (5.2-26) を式 (5.2-20) に代入しますと，K に関する微分方程式

$$K'(t) = \frac{v_i}{R} e^{\frac{1}{CR}t} \tag{5.2-27}$$

が得られます．これから，

$$K(t) = C v_i e^{\frac{1}{CR}t} + K_1 \tag{5.2-28}$$

が求まります．ここで，K_1 は積分定数です．従って，

$$q = C v_i + K_1 e^{-\frac{1}{CR}t} \tag{5.2-29}$$

となります．最後に，$t = 0$ で $q = 0$ の初期値を用いて積分定数 K_1 を求めれば終わりです．

$$K_1 = -C v_i \tag{5.2-30}$$

となりますから，

$$q = C v_i \left(1 - e^{-\frac{1}{CR}t} \right) \tag{5.2-31}$$

となり，結局，出力電圧の時間変化は，式 (5.2-31) を式 (5.2-21) に代入して

$$v_o = v_i \left(1 - e^{-\frac{1}{CR}t} \right) \tag{5.2-32}$$

と求まります．従って，出力電圧は図 5.2-8 に示しましたように，$t = 0$ で $v_0 = 0$ で，その後は時定数を $-1/CR$ として v_i に増加するカーブとなります．ここで，積 CR の値が大きいと，v_0 は近似的に直線的に増加することになり，$t > 0$ で一定の入力電圧 v_i を積分している形となりますので，この RC ローパスフィルタ回路は **RC 積分回路**とも呼ばれます．

（2）ラプラス変換を用いて解く方法
　次に，微分方程式 (5.2-20)

$$R \frac{dq}{dt} + \frac{1}{C} q = v_i \tag{5.2-20}$$

を $t = 0$ で $q = 0$ の初期条件の下でラプラス変換を用いて解く方法を説明します．q のラプラス変換を $Q(s)$ としますと，式 (5.2-20) のラプラス変換は，

$$R\left\{sQ(s) - q(0)\right\} + \frac{1}{C}Q(s) = \frac{v_i}{s} \tag{5.2-33}$$

となります．初期条件の $q(0) = 0$ を考慮して変形しますと，

$$Q(s) = \frac{v_i}{Rs(s + \frac{1}{CR})} = Cv_i\left(\frac{1}{s} - \frac{1}{s + \frac{1}{CR}}\right) \tag{5.2-34}$$

が得られます．これから，

$$q(t) = Cv_i\left(1 - e^{-\frac{1}{CR}t}\right) \tag{5.2-35}$$

となり，式 (5.2-21) から

$$v_o = v_i\left(1 - e^{-\frac{1}{CR}t}\right) \tag{5.2-32}$$

が求まります．

5.2.5 CR ハイパスフィルタ回路のステップ入力応答

次に，CR ハイパスフィルタ回路のステップ状の入力電圧に対する出力電圧の変化を求めてみましょう．最初，入力電圧は 0 とし時刻 0 で v_i にステップ状に変化したものとします．また，初期状態では，コンデンサ C の電荷 q は 0 とします．また，図 5.2-9 のように，電流 i，出力電圧 v_o をとるものとします．

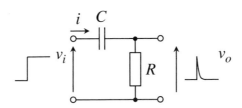

図 5.2-9 CR ハイパスフィルタ回路のステップ応答

この時，入力電圧が v_i にステップ状に変化した後に成り立つ回路方程式は，

$$Ri + \int \frac{1}{C}idt = v_i \tag{5.2-36}$$

$$v_o = Ri \tag{5.2-37}$$

となります．ここで，$i = dq/dt$，すなわち，$q = \int i dt$ を用いて q の式に書き換えますと，

$$R\frac{dq}{dt} + \frac{1}{C}q = v_i \tag{5.2-38}$$

$$v_o = R\frac{dq}{dt} \tag{5.2-39}$$

となります．ここで，式 (5.2-36) は式 (5.2-18)，式 (5.2-38) は式 (5.2-20) と全く同じ式であることに注目して下さい．これは，RC ローパスフィルタ回路，CR ハイパスフィルタ回路ともに，抵抗とコンデンサが直列に接続された回路ですから当然ですね．出力電圧を取り出す場所が異なるだけです．

　従って，微分方程式 (5.2-38) の解は，

$$q = Cv_i\left(1 - e^{-\frac{1}{CR}t}\right) \tag{5.2-31}$$

となり，結局，出力電圧の時間変化は，式 (5.2-30) を式 (5.2-38) に代入して

$$v_o = v_i e^{-\frac{1}{CR}t} \tag{5.2-40}$$

と求まります．従って，出力電圧は図 5.2-9 に示しましたように，$t = 0$ で $v_o = v_i$ で，その後は時定数を $-1/CR$ として 0 に減衰するカーブとなります．ここで，積 CR の値が小さいと，v_o は近似的に瞬間的に減少することになり，ステップ状に増加した入力電圧 v_i を微分している形となりますので，この CR ハイパスフィルタ回路は **CR 微分回路** とも呼ばれます．

（**問題 5-3**）図 5.2-7 (a) の LR 直列回路の入力端子にかかる電圧が 0 から V_i までステップ状に変化した時の出力電圧の時間変化を求めよ．

（**問題 5-4**）図 5.2-7 (b) の RL 直列回路の入力端子にかかる電圧が 0 から V_i までステップ状に変化した時の出力電圧の時間変化を求めよ．

（**問題 5-5**）RC 積分回路の入力端子にかかる電圧が V_i から 0 までステップ状に変化

した時の出力電圧の時間変化を求めよ.

（**問題 5-6**）CR 微分回路の入力端子にかかる電圧が V_i から 0 までステップ状に変化した時の出力電圧の時間変化を求めよ.

5.2.6　バンドパスフィルタ回路

　RC ローパスフィルタ回路や CR ハイパスフィルタ回路では, 低周波あるいは高周波の信号のみを通過させるもので, 信号の周波数帯を 2 つに分けてそのどちらかを通すものでした. ある周波数付近の信号だけを通すフィルタはバンドパスフィルタと呼ばれます. バンドパスフィルタ回路の 1 つの構成法として, RC ローパスフィルタ回路と CR ハイパスフィルタ回路を組み合わせる方法があります. 図 5.2-10 が 1 つのバンドパスフィルタ回路です.

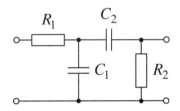

図 5.2-10　バンドパスフィルタ回路

　これがバンドパスフィルタとして働くことを, ボード線図を描くことによって確かめてみましょう. ボード線図を描くには, 伝達関数を求めることが必要でしたね. ここで, 全体の伝送行列が縦続接続された回路のそれぞれの伝送行列の積になるからといって, 左側の RC ローパスフィルタ回路と右側の CR ハイパスフィルタ回路の伝達関数の積で, このバンドパスフィルタ回路の伝達関数としてはいけません. 制御工学で 2 つの制御ブロックが接続されている場合に全体の伝達関数をそれぞれの制御ブロックの伝達関数の積とするのは, 信号の電圧のみを伝達するとの暗黙の仮定があるからです. すなわち, 2 つの制御ブロック間には電流が流れないように回路が構成されていると仮定しているのです. 実際, 増幅回路では各ブロック間には電流がほとんど流れないように設計しますので, この仮定は有効な訳です. しかしながら, 今の場合は左右のブロック間で電流が流れますので, この仮定は成立しません. 従って, 地道に伝送行列を計算して伝達関数を求めます. 地道と言っても, 実際の計算では伝送行列の各要素のうち, 1 行 1 列目が求まればよいのですから, いくらか手を抜くことが

できますね.

$$\mathbf{F} = \begin{bmatrix} 1 & R_1 \\ 0 & 1 \end{bmatrix} \begin{bmatrix} 1 & 0 \\ j\omega C_1 & 1 \end{bmatrix} \begin{bmatrix} 1 & 1/j\omega C_2 \\ 0 & 1 \end{bmatrix} \begin{bmatrix} 1 & 0 \\ 1/R_2 & 1 \end{bmatrix}$$

$$= \begin{bmatrix} 1+j\omega C_1 R_1 & R_1 \\ j\omega C_1 & 1 \end{bmatrix} \begin{bmatrix} 1+1/j\omega C_2 R_2 & 1/j\omega C_2 \\ 1/R_2 & 1 \end{bmatrix}$$

$$= \begin{bmatrix} \dfrac{C_1 R_1}{j\omega}\left\{ (j\omega)^2 + \dfrac{C_1 R_1 + C_2 R_2 + C_2 R_1}{C_1 C_2 R_1 R_2}(j\omega) + \dfrac{1}{C_1 C_2 R_1 R_2} \right\} & B \\ C & D \end{bmatrix} \quad (5.2\text{-}41)$$

ここで, B, C, D の計算は省略しています. これから, 伝送行列の開放電圧減衰率 A の逆数として与えられます伝達関数は,

$$G(j\omega) = \frac{\dfrac{j\omega}{C_1 R_1}}{(j\omega)^2 + \dfrac{C_1 R_1 + C_2 R_2 + C_2 R_1}{C_1 C_2 R_1 R_2}(j\omega) + \dfrac{1}{C_1 C_2 R_1 R_2}} \quad (5.2\text{-}42)$$

となります. 従って, ゲインと位相差は,

$$g = 20\log_{10}\frac{\omega}{C_1 R_1}\sqrt{\frac{1}{\left(\dfrac{1}{C_1 C_2 R_1 R_2} - \omega^2\right)^2 + \left(\dfrac{C_1 R_1 + C_2 R_2 + C_2 R_1}{C_1 C_2 R_1 R_2}\right)^2 \omega^2}} \quad [\text{dB}]$$

$$(5.2\text{-}43)$$

$$\varphi = \tan^{-1}\frac{1 - C_1 C_2 R_1 R_2 \omega^2}{(C_1 R_1 + C_2 R_2 + C_2 R_1)\omega} \quad [°] \qquad (5.2\text{-}44)$$

となります.

式 (5.2-42) と 式 (5.2-43) を検討しますと,

(1) $\omega \to 0$ で $\qquad\qquad\qquad\qquad$ $g \to -\infty$ [dB], すなわち, 非常に大きな減衰,
$\qquad\qquad\qquad\qquad\qquad\qquad\qquad$ $\varphi \to 90$ [°],

(2) $\omega = \sqrt{\dfrac{1}{C_1 C_2 R_1 R_2}}$ のとき　　　　　$g = 20\log_{10} \dfrac{C_2 R_2}{C_1 R_1 + C_2 R_2 + C_2 R_1}$ [dB]，すなわち，

回路素子の値で決まる減衰率，

$\varphi = 0$ [°]，

(3) $\omega \to \infty$ で　　　　　　　　　$g \to -\infty$ [dB]，すなわち，非常に大きな減衰，

$\varphi \to -90$ [°]

となることがわかります．従って，ゲイン曲線は上に凸の曲線となり，$\omega = \sqrt{1/C_1 C_2 R_1 R_2}$ 付近の周波数を持つ信号のみ選択的に通すことがわかります．バンドパスフィルタ回路（$C_1 = C_2 = 0.1\mu F$, $R_1 = R_2 = 100k\Omega$）のボード線図を図 5.2-11 に示します．ただし，このボード線図では，図 5.2-4 や図 5.2-6 とは異なり横軸が ω（$=2\pi f$, f は入力信号の周波数）となっていることに注意して下さい．

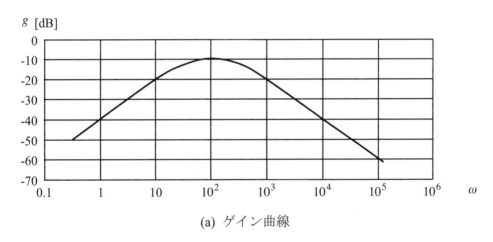

(a) ゲイン曲線

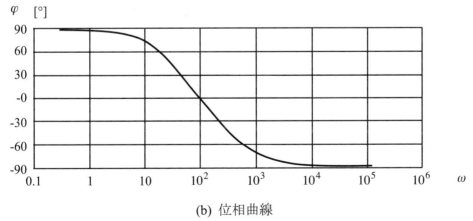

(b) 位相曲線

図 5.2-11　バンドパスフィルタ回路のボード線図

5.2.7　位相遅れ進み回路

　図 5.2-12 の回路は位相遅れ進み回路と呼ばれ，面白い動作をします．この回路は
サーボ系（モータなどの制御回路の一種）を安定に動作させるための補償回路として
用いられています．

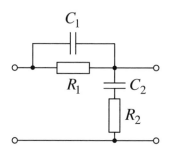

図 5.2-12　位相遅れ進み回路

この回路の伝送行列は，

$$
\mathbf{F} =
\begin{bmatrix}
1 & \dfrac{1}{\dfrac{1}{R_1}+j\omega C_1} \\
0 & 1
\end{bmatrix}
\begin{bmatrix}
1 & 0 \\
\dfrac{1}{R_2+\dfrac{1}{j\omega C_2}} & 1
\end{bmatrix}
$$

$$
=
\begin{bmatrix}
1 & \dfrac{R_1}{1+j\omega C_1 R_1} \\
0 & 1
\end{bmatrix}
\begin{bmatrix}
1 & 0 \\
\dfrac{j\omega C_2}{1+j\omega C_2 R_2} & 1
\end{bmatrix}
$$

$$
=
\begin{bmatrix}
1+\dfrac{j\omega C_2 R_1}{(1+j\omega C_1 R_1)(1+j\omega C_2 R_2)} & \dfrac{R_1}{1+j\omega C_1 R_1} \\
\dfrac{j\omega C_2}{1+j\omega C_2 R_2} & 1
\end{bmatrix}
$$

$$(5.2\text{-}45)$$

となることから，伝達関数は

$$
G(j\omega)=\cfrac{1}{1+\cfrac{j\omega C_2 R_1}{(1+j\omega C_1 R_1)(1+j\omega C_2 R_2)}}
$$

$$= \frac{1 - \omega^2 C_1 C_2 R_1 R_2 + j\omega(C_1 R_1 + C_2 R_2)}{1 - \omega^2 C_1 C_2 R_1 R_2 + j\omega(C_1 R_1 + C_2 R_2 + C_2 R_1)}$$

$$= \frac{(1 - \omega^2 C_1 C_2 R_1 R_2)^2 + \omega^2 (C_1 R_1 + C_2 R_2)(C_1 R_1 + C_2 R_2 + C_2 R_1)}{(1 - \omega^2 C_1 C_2 R_1 R_2)^2 + \omega^2 (C_1 R_1 + C_2 R_2 + C_2 R_1)^2}$$

$$- j\omega \frac{C_2 R_1 (1 - \omega^2 C_1 C_2 R_1 R_2)}{(1 - \omega^2 C_1 C_2 R_1 R_2)^2 + \omega^2 (C_1 R_1 + C_2 R_2 + C_2 R_1)^2} \tag{5.2-46}$$

となります. 従って, 位相差は,

$$\varphi = \tan^{-1} \left(\frac{-\omega C_2 R_1 (1 - \omega^2 C_1 C_2 R_1 R_2)}{(1 - \omega^2 C_1 C_2 R_1 R_2)^2 + \omega^2 (C_1 R_1 + C_2 R_2)(C_1 R_1 + C_2 R_2 + C_2 R_1)} \right)$$

$$\tag{5.2-47}$$

で与えられます. 入力信号の周波数によってゲインや位相差がどのように変化するか見てみましょう.

入力信号が直流の場合には, 周波数 ω は $\omega = 0$ ですから,

$$G(j\omega) = 1 \tag{5.2-48}$$

となります. すなわち, ゲインは

$$g = 0 \ [\text{dB}] \tag{5.2-49}$$

となります. また, 位相差は, 式 (5.2-47) から

$$\varphi = 0 \ [°] \tag{5.2-50}$$

となります. 従って, 直流信号はそのまま通すことがわかります.

周波数が比較的低い場合, すなわち, 低周波領域では, 式 (5.2-47) の分子の符号は負となります. 式 (5.2-47) の分母の符号は常に正ですから,

$$\varphi < 0 \ [°] \tag{5.2-51}$$

となり, 低周波領域では出力電圧は入力電圧に対して遅れることがわかります. なお, 伝達関数 $G(j\omega)$ の分母の絶対値は分子の絶対値より大きいですから, ゲインは

$$g < 0 \ [\text{dB}] \tag{5.2-52}$$

となります.

周波数が高くなってきますと, すなわち, $1 - \omega^2 C_1 C_2 R_1 R_2 < 0$ となる中間周波数領域

では，式 (5.2-47) の分子の符号は正となります．式 (5.2-47) の分母の符号は常に正ですから，

$$\varphi > 0 \quad [°] \tag{5.2-53}$$

となり，中間周波数領域では出力電圧は入力電圧に対して進むことがわかります．なお，伝達関数 $G(j\omega)$ の分母の絶対値は分子の絶対値より大きいですから，ゲインは

$$g < 0 \quad [dB] \tag{5.2-54}$$

となります．

　そして，高周波（$\omega \to \infty$）になりますと，

$$G(j\omega) \to 1 \tag{5.2-55}$$

となり，ゲインは

$$g \to 0 \quad [dB] \tag{5.2-56}$$

となり，また，位相差は，式 (5.2-47) から

$$\varphi \to 0 \quad [°] \tag{5.2-57}$$

となります．従って，高周波信号もそのまま通すことがわかります．

　実際にこの位相遅れ進み回路（$C_1 = 0.1\mu F$，$C_2 = 1\mu F$，$R_1 = 100k\Omega$，$R_2 = 10k\Omega$）に対するボード線図を描くと図 5.2-13 のようになり，ある周波数（$1 - \omega^2 C_1 C_2 R_1 R_2 = 0$ となる ω）を境として，出力信号は入力信号に対して遅れたり進んだりすることになります．

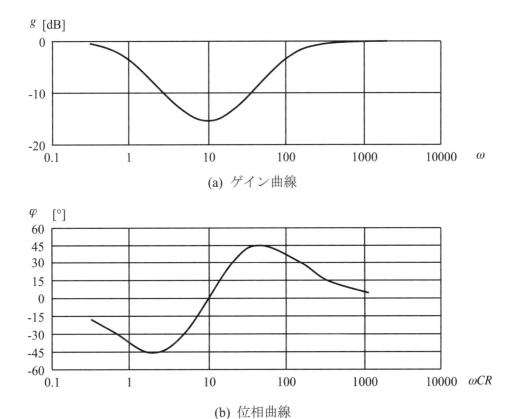

(a) ゲイン曲線

(b) 位相曲線

図 5.2-13　位相遅れ進み回路のボード線図

第6章 ダイオード，トランジスタ，電界効果トランジスタ

この章では，電子回路において重要な役割を担っていますダイオード，トランジスタや集積回路（IC : Integrated Circuit）の基本要素となっています電界効果トランジスタ（ＦＥＴ）について，その構造や特性などの概要を説明します．

６．１ 半導体

6.1.1 半導体，導体，絶縁体

電気の通し易さによって物質を分類する場合があります．電気の通し易さを測る指標には**比抵抗**があり，これは基準断面積（$1\,m^2$）で基準長さ（$1m$）の物質が持つ抵抗で表されます．比抵抗の単位は Ωm です．比抵抗が小さい程，電気を通し易い物質です．代表的な物質について比抵抗を図示しますと，図 6.1-1 のようになります．

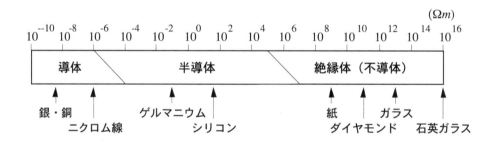

図 6.1-1 代表的な物質の比抵抗

図 6.1-1 からわかりますように，銅や銀などの金属は電気をよく通します．このような物質を**導体**と呼びます．比抵抗は大体 $10^{-5}\Omega m$ 以下となっています．一方，紙，プラスティック，ガラスやゴムなどは一般に電気を通しません．比抵抗は大体 $10^6\Omega m$ 以上となっています．電気を通さない物質を**絶縁体（不導体）**と呼びます．ただし，プラスティックでも電気を通すものもあります．これは，筑波大学の白川教授がノーベル賞を受賞された研究で有名ですね．さて，ゲルマニウムやシリコン（珪素）などの物質では，電気抵抗が導体と絶縁体の間の値（大体 $10^{-5} \sim 10^6\Omega m$）を持っています．このような物質は**半導体**と呼ばれています．

では，何故物質によってこんなにも電気の通し易さが異なるのでしょうか？　その理由は，自由電子の概念を用いて説明されています．それぞれの原子には電子が物質に対応した数だけ原子核の周りを回っている（確率的に存在している）ことはご存知ですね．そして，それらの電子は，原子核の周囲に拘束されていますね．例えば，元

素の周期律表の第 IV 族に属する炭素とシリコンの電子軌道を模式的に描きますと，図 6.1-2 のようになります．いずれも，最外殻に 4 個の電子軌道があります．そして，炭素原子同士，あるいは，シリコン原子同士が集まった結晶では図 6.1-3 のようにお互いの原子が最外殻の電子を共有して結合しています．このような結合形式を**共有結合**と呼びます．この結合における結合力は物質によって異なっており，炭素原子が集まったダイヤモンドでは非常に強く，少々電界をかけても電子の移動が起こりません．これに対して，シリコンの結晶では結合力は弱く，常温に相当します熱エネルギーで最外殻の電子は結合を離れて結晶格子間を容易に移動できるようになります．このような電子は**自由電子**と呼ばれます．このように半導体では電界の作用で自由電子が現れるため，多少の導電性を持つことになります．これに対して，金属では最外殻の 1 個の電子はそこから離れ易く自由電子となっているために，電気をよく通します．一方，絶縁体では，ダイヤモンドのように最外殻の電子に対する拘束力が強く容易に自由電子になれません．

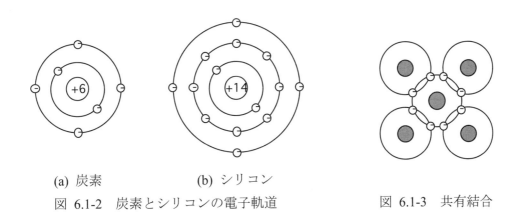

(a) 炭素　　　　　　(b) シリコン

図 6.1-2　炭素とシリコンの電子軌道　　　　　図 6.1-3　共有結合

　半導体において，最外殻の電子が自由電子となりますと，そこは電子の入る空席となります．電子は負の電荷を持っていますから，この空席のことを，仮想的に正の電荷を持つ穴という意味で**正孔**と呼ばれています．

　不純物を含まない半導体は**真性半導体**と呼ばれています．真性半導体では，自由電子と正孔の数は一致しています．これに対して，ダイオードやトランジスタを構成するP型半導体やN型半導体では，自由電子と正孔の数が一致していないことが，面白い性質をもたらす根本となっています．

6.1.2　P型半導体

　P型半導体では，ゲルマニウムやシリコンの結晶の中に，元素の周期律表の III 族

に分類されますガリウム（Ga）やインジウム（In）の原子を少し混入させます．これ
らの不純物では最外殻の電子は３個ですから，規則正しい共有結合を行うには電子が
１個足りません．結晶での結合状態を模式的に描きますと，図 6.1-4 のようになりま
す．すなわち，電子を受け入れる穴（正孔）が１個空いている状態となります．この
正孔に他からの電子が埋まりますと，電子の供給側には正孔ができることになります．
このように，あたかも正孔が移動していくように振る舞うことで電気を通すこととな
ります．なお，Ga や In のような不純物は，電子を受け入れるという意味で**アクセプ
タ**（accepter）不純物と呼ばれています．

6.1.3 N型半導体

　ゲルマニウムやシリコンの結晶の中に，元素の周期律表の V 族に分類されますア
ンチモン（Sb）や砒素（As）の原子を少し混入させますと，**N型半導体**となります．
Sb や As の不純物では最外殻の電子は５個ですから，共有結合をした場合に電子が
１個余ります．この過剰の電子が移動することにより電気を通すこととなります．結
晶での結合状態を模式的に描きますと，図 6.1-5 のようになります．なお，Sb や As
の不純物は，電子を与えるという意味で**ドナー**（donor）不純物と呼ばれています．

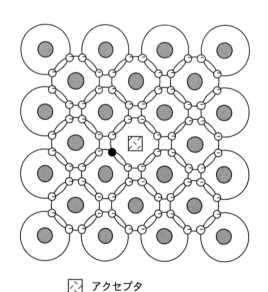

⊡ アクセプタ
⊖ 電子　● 正孔

図 6.1-4　P型半導体の結晶での
　　　　　結合状態

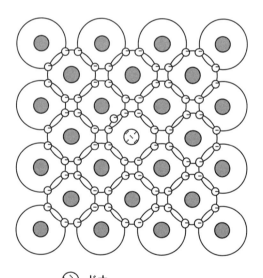

⊗ ドナー
⊖ 電子

図 6.1-5　N型半導体の結晶での
　　　　　結合状態

６．２　ＰＮ接合

　Ｐ型半導体とＮ型半導体とを接するように組み合わせます（接合させる）と面白い性質が現れます．このＰＮ接合においては，Ｐ型半導体中のアクセプタ不純物やＮ型半導体のドナー不純物は拡散により図 6.2-1 のような不純物分布となりますが，模式的には図 6.2-2 (a) のように，Ｐ型領域には多数の正孔がＮ型領域には過剰電子が存在するとすることができます．

　ここで，図 6.2-2 (b) のように，Ｐ型領域に正，Ｎ型領域に負の電圧を印加しますと，Ｐ型領域中のプラスの電荷を持つ正孔は負極に引きつけられ，Ｎ型領域中のマイナスの電荷を持つ電子は正極に引きつけられます．このように正孔と電子は互いに反対の領域に移動し，外部の正負の端子からはそれぞれ正孔と電子が供給されることになり，電流は持続的に流れます．この電圧印加の方向は**順方向**と呼ばれています．

　今度は逆に，図 6.2-2 (c) のように，Ｐ型領域に負，Ｎ型領域に正の電圧を印加しますと，Ｐ型領域中のプラスの電荷を持つ正孔は負極に引きつけられ，Ｎ型領域中のマイナスの電荷を持つ電子は正極に引きつけられます．そして，中央の接合部付近では正孔と電子が極めて少なくなり，電流は流れません．この電圧印加の方向は**逆方向**と呼ばれ，正孔と電子が極めて少なくなった領域を**空乏層**と呼びます．

　このように，ＰＮ接合は電気を一方向にしか流さない**整流作用**を持っています．

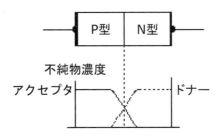

図 6.2-1　ＰＮ接合と不純物濃度

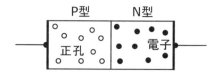

(a) 電圧をかけないとき

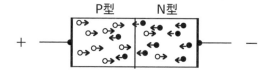

(b) 順方向に電圧をかけたとき

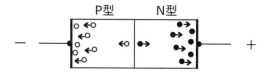

(c) 逆方向に電圧をかけたとき

図 6.2-2　ＰＮ接合と整流作用

（**問題6-1**）ＰＮ接合が示す整流作用を，模式図を用いて説明せよ.

６．３　ダイオード

　ＰＮ接合をその構造に持つ電子回路部品は**ダイオード**と呼ばれています. ここでは, ダイオードの特性と種類について説明します. ダイオードにはいくつかの種類があります. 主なものとしては, 整流用ダイオード, 定電圧ダイオード, 可変容量ダイオード, 発光ダイオードなどがあります. ダイオードの電子回路図での記号を図 6.3-1 に示します.

(a) 整流用ダイオード　(b) 定電圧ダイオード　(c) 発光ダイオード

図 6.3-1　ダイオードの電子回路記号

6.3.1 整流用ダイオードとその特性

　整流用ダイオードにはゲルマニウム型とシリコン型があります．その順方向と逆方向の特性の概略を図 6.3-2 に示します．

　ゲルマニウム型のダイオードは，順方向に電圧を印加した場合のダイオードでの電圧降下（**順方向電圧降下**）が小さい（0.1〜0.2 V）ですが，逆方向の抵抗がそれ程大きくない（逆方向に流れる電流がそれ程小さくない）という特徴を持っています．

　これに対して，シリコン型のダイオードは，順方向電圧降下がやや大きい（0.6〜0.7 V）ですが，逆方向に流れる電流が非常に小さいという特徴があります．図 6.3-2 の縦軸のマイナス側のスケール（単位）に注意して下さい．

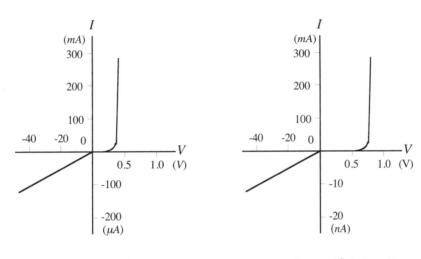

(a) ゲルマニウムダイオード　　(b) シリコンダイオード

図 6.3-2　整流用ダイオードの特性

6.3.2 定電圧ダイオード，可変容量ダイオード，発光ダイオード

(a) 定電圧ダイオード

　定電圧ダイオードは**ツェナダイオード**とも呼ばれ，シリコンを用いたＰＮ接合で構成されています．順方向の特性は通常のダイオードと同じ特性を持っていますが，逆方向は特有の特性を持っています．定電圧ダイオードの代表的な特性を図 6.3-3 に示します．

　逆方向に電圧を加えた場合には，ある電圧（**ツェナ電圧**）まではほぼ一定のごく小さな逆方向電流が流れますが，ツェナ電圧を超えると大きな逆方向電流が流れます．この現象は**ツェナ効果**と呼ばれ，量子的なトンネル効果によるものです．

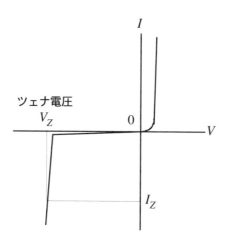

図 6.3-3　定電圧ダイオードの特性

(b) 可変容量ダイオード

可変容量ダイオードは，ＰＮ接合の空乏層幅が逆方向電圧によって変化することを利用したもので，バリキャップなどとも呼ばれています．ＰＮ接合に逆方向電圧を印加した場合のＰ型，Ｎ型半導体と空乏層との界面を電極とみなせば，その構造は平行平板コンデンサと同じとなっていますので，コンデンサとしても機能します．空乏層の幅は印加電圧によって変化しますので，ＰＮ接合部での容量（**接合容量**）C_jは，

$$C_j = A\frac{\varepsilon_0 \varepsilon_s}{D} \tag{6.3-1}$$

で表されます．ここで，A，D，ε_0，ε_sは，それぞれ，ＰＮ接合部の断面積，空乏層の幅，真空の誘電率，半導体の比誘電率です．逆方向電圧が大きくなれば空乏層の幅は大きくなりますので，式 (6.3-1) から接合容量は小さくなることがわかります．

(c) 発光ダイオード

発光ダイオードは，ＰＮ接合に順方向に電圧を印加した場合に流れる電流により発光するダイオードです．この発光は，Ｐ型半導体領域では注入される電子が多数存在する正孔と，また，Ｎ型半導体領域では注入される正孔と多数存在する電子とが再結合する際に，余剰となったエネルギーを光量子として放出することによるものです．この光の波長は半導体の材質によって異なります．

エネルギーの低い赤外線や赤色を発光する発光ダイオードが最初に開発されましたが，長らく青色の発光ダイオードは開発されていませんでした．最近になって青色

発光ダイオードが開発され，発光ダイオードのディスプレイとしての応用の道が拓かれました．

　発光ダイオードは，

(1) 低電圧，低電流で高輝度の光を発生できる，
(2) 応答速度が速い，
(3) 単色光に近い点光源である，
(4) 信頼性が高く，小型である

などの特長を持っています．これらの特長によりオーディオ機器のインジケータなどでよく用いられています．最近では，道路や鉄道での信号機にも用いられています．また，応答速度が速いという特長から，高速に点滅させたパターンに意味を持たせて赤外線リモコンの送信用素子として用いられています．

（**問題 6-2**）ゲルマニウムダイオードとシリコンダイオードの特徴を比較せよ．

（**問題 6-3**）発光ダイオードが用いられている電子機器を挙げ，どのような用途で用いられているかを調べよ．

6．4　トランジスタ

6.4.1 トランジスタの構造と動作原理

　半導体結晶内に2つのPN接合を非常に接近させて配置しますと，増幅作用を示します．この原理を用いたものが**バイポーラトランジスタ**で，単に**トランジスタ**とも呼ばれます．PN接合の配置の仕方には2種類あり，PNP トランジスタと NPN トランジスタとがあります．それぞれのトランジスタの構造の模式図と電子回路記号を図6.4-1 に示します．市販されているトランジスタは，この区別とともに，高周波用と低周波用とで型番が

　　　　2SA：高周波用 PNP トランジスタ
　　　　2SB：低周波用 PNP トランジスタ
　　　　2SC：高周波用 NPN トランジスタ
　　　　2SD：低周波用 NPN トランジスタ

の4種類に分かれています．

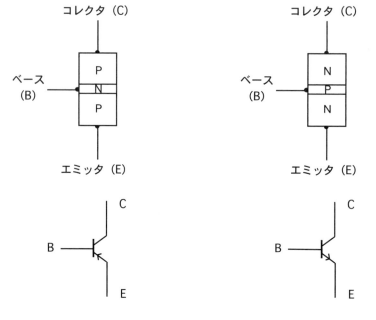

(a)　ＰＮＰトランジスタ　　　　　(b)　ＮＰＮトランジスタ

図 6.4-1　トランジスタの構造の模式図と電子回路記号

　図 6.4-2 は NPN トランジスタをエミッタ接地で用いた場合の動作の様子を模式的に示した図です. NPN トランジスタでは, ベースがＰ型半導体で, エミッタとコレクタがＮ型半導体となっています. ベースとエミッタ間は比較的低い電圧がＰＮ接合の順方向に印加されています（図 6.4-2 の左側の直流電源）. これは**バイアス電圧**と呼ばれます. また, エミッタとコレクタ間には, ベースとエミッタ間の電圧と比較しますと, ずっと高い電圧が印加されています（図の右側の直流電源）. このため, コレクタとベースの間のＰＮ接合は逆方向の電圧がかかっていることになります. なお, 図の交流電源は増幅すべき電圧を与える信号源を表しています.

　さて, ベースとエミッタ間のＰＮ接合は順方向に電圧が印加されていますので, エミッタのＮ型半導体領域からベースのＰ型半導体領域へ電子が流れます. 逆に, 正孔はベースからエミッタへ流れようとします. ところが, トランジスタではベースが極めて薄く作られているために, ベースに流入した電子の大多数は正孔とは再結合せずに, ベースを通り抜けてコレクタ側に入ってしまいます. すると, コレクタとベース間では逆方向に電圧が印加されておりコレクタ側の方が電位が高いために, 電子はそのままコレクタに引き寄せられることになります. ここで, ベース電流は再結合により失われた正孔を補給しています. 結局, **微小なベース電流で大きなコレクタ電流が得られる**ことになります.

　この時，信号源の電圧が変化してベースとエミッタ間の電圧が上昇したとしましょう．エミッタからの電子の流れは大きくなりますね．すると，コレクタに引き寄せられる電子の数も増加します．すなわち，コレクタ電流が増加します．その結果，出力側にある抵抗での電圧降下が大きくなり，出力電圧は減少します．逆に，ベースとエミッタ間の電圧が下降した場合には，コレクタ電流が減少することになり，出力電圧が上昇することになります．このように，トランジスタでの電流増幅を，抵抗により電圧増幅に変換することができます．

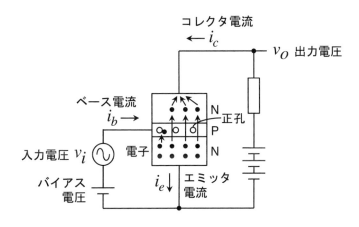

図 6.4-2　トランジスタの基本動作

6.4.2 トランジスタの特性

　トランジスタはＰＮ接合面を２つ持っています．そのため，特性はダイオードの特性よりも複雑ですが，ベース–エミッタ間の接合はダイオードと同じ特性を示しますので，考え方はＰＮ接合が基本となります．

　トランジスタには，ベース，エミッタ，コレクタの３つの端子がありますが，これらのうちのどの端子を入力端子また出力端子とするかによって，基本的には３つの接続が可能です．図 6.4-3 に基本的な３つの接続方法を示します．図 6.4-3 (a) の**エミッタ接地**は，エミッタを共通端子とし，ベースとコレクタをそれぞれ入力端子，出力端子とした接続方法です．同様に，(b) の**ベース接地**ではベースを，(c) の**コレクタ接地**ではコレクタを共通端子としています．これらの接続方法の中で，一般には，エミッタ接地がよく用いられます．

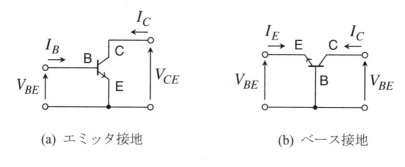

(a) エミッタ接地　　　　　　　　　　(b) ベース接地

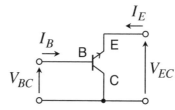

(c) コレクタ接地

図 6.4-3　トランジスタの接地方式

　トランジスタの特性は，それぞれの接地方式において，入出力の電圧および電流の4つの変数の関係がわかれば把握することができます．図 6.4-4 にはエミッタ接地トランジスタの静特性の例を示します．第1象限には$V_{CE}-I_C$特性，第2象限にはI_B-I_C特性，第3象限にはI_B-V_{BE}特性が示されています．図の第1象限の$V_{CE}-I_C$特性は**出力特性**とも呼ばれ，最も多く利用されます．

　$V_{CE}-I_C$特性の大部分にあたる，コレクタ電流とベース電流とが大雑把に直線関係にある領域は**線形領域**と呼ばれています．また，トランジスタをスイッチング素子として利用する場合には，図の**カットオフ**と呼ばれる部分と**飽和**と呼ばれる部分が用いられます．カットオフ部ではコレクタ電圧を大きくしてもほとんどコレクタ電流は流れず，スイッチングの OFF となります．一方，飽和部ではコレクタ電圧によらずに大きな電流が流れ，スイッチングの ON となります．

　I_B-I_C特性は電流増幅率特性とも呼ばれており，コレクタ電流はほぼベース電流に比例し，

$$h_{FE} \equiv \frac{I_C}{I_B} \tag{6.4-1}$$

は**直流電流増幅率**と呼ばれています．

　また，I_B-V_{BE}特性は入力特性とも呼ばれ，ダイオードの順方向特性と同じ特性を

示します.

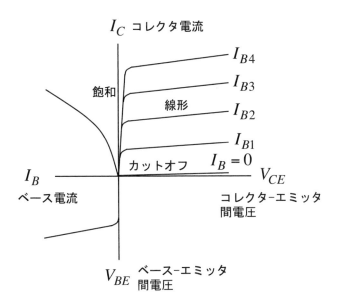

図 6.4-4　エミッタ接地トランジスタの静特性

6.4.3 トランジスタの等価回路（h パラメータ）

　前節で説明しましたようにトランジスタの特性は複雑であるため，トランジスタ回路を設計する際に特性図をいちいち参照することは効率的ではありません. そこで，トランジスタの使われ方に応じて様々な等価回路が考え出されています. ここでは，これらの等価回路のうちで，増幅回路の設計や解析でよく用いられます**h パラメータ（ハイブリッド・パラメータ）**を説明します.

　h パラメータは，トランジスタを線形領域で用い，しかも，信号の振幅が小さいときに成り立つ入出力関係を近似的に表したもので，図 6.4-5 のようにトランジスタをブラックボックスで表現した場合に，

$$v_i = h_i i_i + h_r v_o \tag{6.4-2}$$

$$i_o = h_f i_i + h_o v_o \tag{6.4-3}$$

で表現されます. ここで，h_i：出力短絡入力インピーダンス，h_r：入力開放逆電圧増幅率，h_f：出力短絡順電流増幅率，h_o：入力開放出力アドミタンスです.

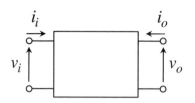

図 6.4-5　トランジスタのブラックボックス表現

　トランジスタの接地方式（３つある端子のどれを接地するか）は，エミッタ接地，ベース接地，コレクタ接地の３種類がありますが，各接地方式のhパラメータが区別できるように，添字の最後にそれぞれ，e，b，cをつけて表現します．例えば，エミッタ接地の場合には，式 (6.4-2) と (6.4-3) は，それぞれ，

$$v_i = h_{ie}i_i + h_{re}v_o \tag{6.4-4}$$

$$i_o = h_{fe}i_i + h_{oe}v_o \tag{6.4-5}$$

となります．オーディオ用の小信号増幅回路では主にエミッタ接地方式が用いられていますが，他の接地方式のhパラメータへの変換が可能です．また，hパラメータを用いますと，エミッタ接地のトランジスタの等価回路は，図 6.4-6 のように表すことができます．なお，h_{re} と h_{oe} は，値が小さいために省略されて，図 6.4-7 の簡略化されたエミッタ接地のトランジスタの等価回路が用いられることも多いです．

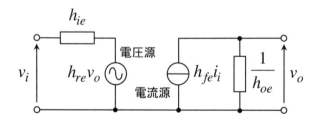

図 6.4-6　エミッタ接地のトランジスタの等価回路

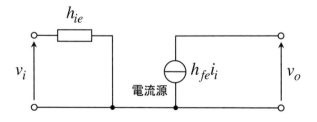

図 6.4-7　簡略化されたエミッタ接地のトランジスタの等価回路

　なお，hパラメータは，トランジスタの静特性を表す曲線において，トランジスタの動作点（9．1節参照：トランジスタが動作している時のベース電流，コレクタ電流，ベース–エミッタ間電圧，コレクタ–エミッタ間電圧）における傾きを表しています．すなわち，

$$h_{fe} = \frac{\Delta I_C}{\Delta I_B} \tag{6.4-6}$$

$$h_{ie} = \frac{\Delta V_{BE}}{\Delta I_B} \tag{6.4-7}$$

$$h_{oe} = \frac{\Delta I_C}{\Delta V_{CE}} \tag{6.4-8}$$

$$h_{re} = \frac{\Delta V_{BE}}{\Delta V_{CE}} \tag{6.4-9}$$

です．エミッタ接地における出力短絡順電流増幅率h_{fe}は，直流電流増幅率h_{FE}とほぼ同じ値となりますが，定義式が異なりますので，厳密には異なった値となることに注意して下さい．

（**問題6-4**）トランジスタの構造と基本動作を説明せよ．

（**問題6-5**）エミッタ接地方式のトランジスタの出力特性をグラフを用いて説明せよ．

（**問題 6-6**）トランジスタには様々な等価回路が考えられている．それらについて，使用される場面との対応に注意して調べよ．

６．５　電界効果トランジスタ（ＦＥＴ）

6.5.1 ＦＥＴの構造と動作原理

　トランジスタとは動作原理は異なりますが，トランジスタと同様に電流を制御できる素子として**電界効果トランジスタ（ＦＥＴ**：Field Effect Transistor）があります．

　ＦＥＴの構造は，図 6.5-1 のようになっています．ＦＥＴでは，図のように，Ｐ型半導体とＮ型半導体とを組み合わせています．トランジスタと同じように３つの端子があります．**ソース**は電子を外部から供給する端子です．**ドレイン**は電子を外部へ排出する端子です．また，**ゲート**はソースとドレイン間に流れる電子の流れを制御するための電圧を印加する端子です．図の上下のゲート間の隙間は，ドレインからソース

へ電流が流れる通路となっており，**チャネル**と呼ばれています．

　ＦＥＴを動作させるために，図 6.5-1 のように電圧を印加します．ゲートとソース間のＰＮ接合に対しては，逆方向に電圧が印加されます．これにより，ゲートとソースの境界には空乏層が生成されます．この空乏層の幅はゲート−ソース間の逆方向電圧が大きくなるほど広がります．すなわち，ドレインからソースへ流れる電流の通路（チャネル）の幅がゲート−ソース間の逆方向電圧により変化します．これにより，ゲート−ソース間電圧により，ドレイン電流を制御できることになります．なお，ＦＥＴの動作原理は真空管の動作原理に似ており，その特性も５極管に似ています．

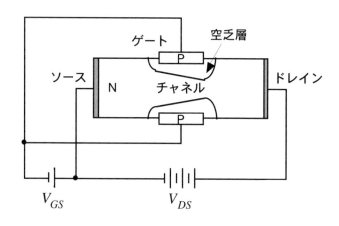

図 6.5-1　接合型ＦＥＴの構造

　ＦＥＴでは，チャネル部分にＮ型半導体を用いたものはＮチャネルＦＥＴと呼ばれ，Ｐ型半導体の場合にはＰチャネルＦＥＴと呼ばれています．ＦＥＴには，構造的に接合型と MOS（Metal-Oxide Semiconductor）型とがあります．MOS 型ＦＥＴは，動作原理は接合型ＦＥＴと同じですが，その構造は多少異なっています．図 6.5-2 に，それぞれのタイプのＦＥＴの電子回路記号を示します．

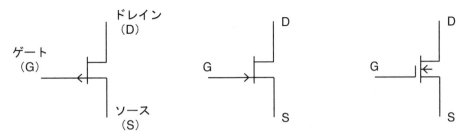

(a) Pチャネル接合型ＦＥＴ　(b) Nチャネル接合型ＦＥＴ　(c) P-MOS型ＦＥＴ

図 6.5-2　ＦＥＴの電子回路記号

6.5.2 ＦＥＴの特性

ＦＥＴは一般に，

(1) 入力インピーダンスが非常に大きい

(接合型で$10^8 \sim 10^{12}\Omega$，MOS 型で$10^{14} \sim 10^{15}\Omega$)，

(2) 低雑音である，

(3) 温度特性がよい

といった特長を持っています．特に，デジタル IC でよく用いられています MOS 型ＦＥＴは，接合型ＦＥＴに比べて製造工程が少なく集積化が容易であり，構造的にゲートが絶縁されていますので入力インピーダンスが極めて大きいという利点がありますが，静電気に弱いという欠点があります．

ＦＥＴにもトランジスタと同様に３種類の接地方式があります．しかしながら，ほとんどの場合**ソース接地**で用いられています．ソース接地のＦＥＴの特性は，ゲート−ソース間の電圧に対するドレイン電流で表されます．代表的な特性を図 6.5-3 に示します．図のように，MOS 型ＦＥＴには，ゲート−ソース間電圧が 0 でもドレイン電流が流れるディプレッションタイプのものと，ゲート−ソース間に正の電圧をかけないとドレイン電流が流れないエンハンスメントタイプのものとがあります．

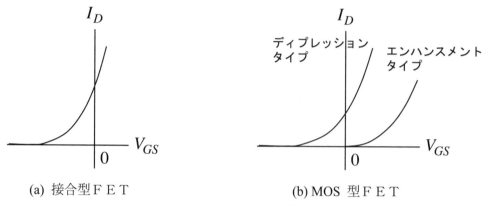

(a) 接合型ＦＥＴ　　　　　　　　(b) MOS 型ＦＥＴ

図 6.5-3　ＦＥＴの特性

6.5.3 ＦＥＴの等価回路

　ＦＥＴを用いた回路の解析や設計においても，ＦＥＴの特性を近似的に表した等価回路が用いられます．ソース接地のＦＥＴ回路において，ゲート－ソース間に振幅の小さい信号（小信号）を加える場合の等価回路を図 6.5-4 に示します．図において，g_m と r_d は，それぞれ，**相互コンダクタンス**，**ドレイン抵抗**と呼ばれています．

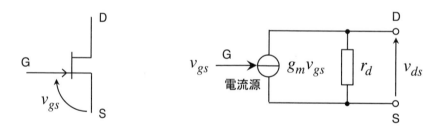

図 6.5-4　ソース接地ＦＥＴの小信号等価回路

第7章　ダイオード，トランジスタ基本回路

　この章では，第6章で説明しましたダイオード，トランジスタや電界効果トランジスタ（FET）を用いた簡単な回路について説明します．トランジスタやFETを用いた基本的な増幅回路についても説明します．

7．1　発光ダイオード，フォトトランジスタ回路

7.1.1 発光ダイオード回路

　すでに 6.3.2 節で説明しましたように，発光ダイオードには，高輝度，高い応答性，点光源や，小型で信頼性が高いといった好ましい特性を持っていますので，各種の表示器に用いられています．赤色の発光ダイオードがまず開発され，順次，黄色，緑色，青色と開発されていきました．青色発光ダイオードの特許に関する訴訟は記憶に新しいですね．

　さて，発光ダイオードを光らせる回路は単純なもので，図 7.1-1 のように，電源と電流制限のための抵抗1本から構成できます．各々の発光ダイオードには，流せる最大の電流が決まっていますので，それによって抵抗 R を

$$R = \frac{E - V_F}{I_F} \tag{7.1-1}$$

のように決定します．ここで，E は電源電圧，V_F と I_F は，それぞれ，発光ダイオードの順電圧と許容電流です．なお，発光ダイオードは少々電流の値が小さくても輝度はあまり変わりませんので，I_F はバラツキに対する余裕を見て適当な値に設定します．すなわち，あまり正確な値を設定する必要はありません．

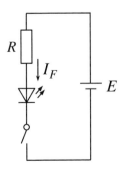

図 7.1-1　発光ダイオード回路

7.1.2 フォトトランジスタ回路

　フォトトランジスタは，トランジスタのベースの部分に光電効果による光電流を用いたもので，光−電気信号変換回路の中で用いられています．図7.1-2に，基本回路を示します．フォトトランジスタに光が当たりますと，フォトトランジスタはONとなり，出力はHighレベル（ほぼ電源電圧に等しい電圧）となります．逆に，光が当たらないと，フォトトランジスタはOFFとなり，出力はLowレベル（ほぼ0V）になります．

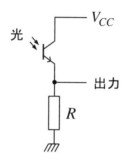

図7.1-2　フォトトランジスタ基本回路

　（問題7-1）スイッチと発光ダイオードを用いて，スイッチを押せば発光ダイオードが光る回路を設計せよ．なお，電源電圧は5Vとし，発光ダイオードの順電圧と許容電流を，それぞれ，2Vおよび20mAとせよ．

7．2　ダイオードスイッチ回路

　ダイオードスイッチ回路は，ダイオードの整流作用を利用したもので，パソコンのキーボードで押されたキーを識別するためのキーボード回路などで用いられています．なお，古くは，図7.2-1のように，ダイオードでロジック回路が構成されていました．

　図7.2-1(a)のAND回路では，スイッチA, B, Cのすべてが押されていない時のみ，出力はV_{CC}（Highレベル）となります．いずれかのスイッチが押されると，V_{CC}からアースへ電流が流れる回路が構成され，出力は0Vからダイオードの順方向電圧分だけ上がったレベルのほぼ0V（Lowレベル）となります．一方，図7.2-1(b)のOR回路では，いずれかのスイッチが押されると出力はほぼV_{CC}（Highレベル）となり，すべてのスイッチがOFFの時のみ0V（Lowレベル）となります．

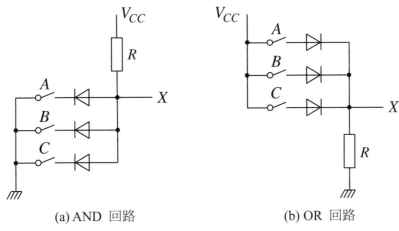

(a) AND 回路　　　　　　　　(b) OR 回路

図 7.2-1　ダイオードによる基本ロジック回路

　図 7.2-2 に，キーボード回路の基本となるマトリクス回路の例を示します．図において，回路素子を結ぶ線が単に交叉しているところは，2 本の線の間の電気的なつながりはありません．このマトリクス回路では，入力スイッチの S_1 から S_5 のいずれかのスイッチを押した時，それぞれのスイッチに対応して出力 A_3 から A_0 の値が 0（Low レベル）あるいは 1（High レベル）のいずれかとなります．例えば，スイッチ S_1 を押した場合には，V_{CC} から抵抗 R，ダイオード，および，スイッチ S_1 を通る電流の経路がそれぞれできますので，出力 A_3 から A_0 の値は順に 0，0，0，0 となります．これを 0000 と表記しますと，スイッチ S_3 を押した場合には，出力は 0010 となります．このように，スイッチを押すことにより，出力を符合化（エンコード）できます．入力スイッチを押した時の出力の関係は真理値表と呼ばれますが，図 7.2-2 の回路の真理値表は，表 7.2-1 のようになります．

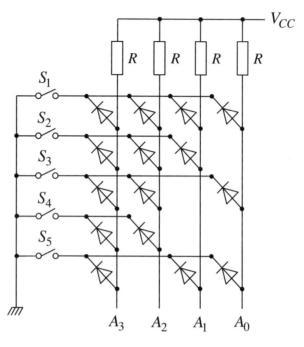

図 7.2-2　マトリクス回路

表 7.2-1　図 7.2-2 のマトリクス回路の真理値表

入力ス	出力			
イッチ	A_3	A_2	A_1	A_0
S_1	0	0	0	0
S_2	0	0	0	1
S_3	0	0	1	0
S_4	0	0	1	1
S_5	0	1	0	0

（**問題 7-2**）以下の入出力関係を持つマトリクス回路を設計せよ.

入力ス	出力		
イッチ	A_2	A_1	A_0
S_1	0	0	1
S_2	0	1	1
S_3	1	0	1
S_4	1	1	1

110

（**問題 7-3**）パソコンなどのキーボードでは，どのようなマトリクス回路が使われているか調べよ．

7．3　共通エミッタ回路

　共通エミッタ回路では，トランジスタのエミッタをアースに接続します．基本回路は図 7.3-1 のようになります．この回路の出力の位相は入力と 180°ずれています．すなわち，出力波形の山は入力波形の谷に，出力波形の谷は入力波形の山に対応するというように，出力波形は入力波形を（上下に）反転したものとなっています．そのため，共通エミッタ回路は反転増幅器とも呼ばれます．

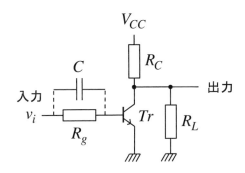

図 7.3-1　共通エミッタ回路

　共通エミッタ回路の動作原理を入力信号がディジタル信号の場合と，振幅の小さな小信号の場合に分けて説明します．

　まず，入力信号が 0 V と 5 V の 2 つの状態を持つディジタル信号の場合について説明します．入力信号 v_i が 0 V の場合には，トランジスタのベースには電流が流れないために，トランジスタは OFF の状態にあります．この時の出力は，電源電圧 V_{CC} を抵抗 R_C と R_L で分圧した電圧 $\{R_L/(R_C + R_L)\}V_{CC}$ となっています．一方，入力信号 v_i が 5 V の場合には，ベースにはほぼ v_i/R_g の電流が流れ，トランジスタは ON 状態となります．このため，出力電圧は 0 V からトランジスタのコレクタ–エミッタ間飽和電圧だけ上がった $V_{CE(sat)}$ となります．このように，ディジタル信号の入力に対する出力電圧波形は図 7.3-2 のようになります．なお，ディジタル信号を扱う場合には，トランジスタには接合容量（詳しくはベース・エミッタ間接合容量）と呼ばれる僅かなキャパシタンスがあるため，回路の設計によってはスイッチング動作が悪くなる場合があります．スイッチング動作を改善するため，図 7.3.1 のように，抵抗 R_g に並列に（トランジスタのベースに対しては直列に）小さなキャパシタンス（30～100 pF 程度）の

コンデンサを挿入します．このコンデンサはスピードアップコンデンサと呼ばれます．
コンデンサを直列接続しますと合成キャパシタンスは各々のコンデンサのキャパシ
タンスより小さくなりますから，スピードアップコンデンサの挿入により，等価的に
接合容量を小さくすることができ，スイッチング動作を改善できます．すなわち，ト
ランジスタ内部の構造のために生じる出力信号の立ち上がりや立ち下がりの時間遅
れを改善します．

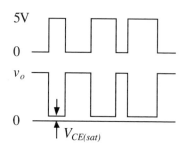

図 7.3-2　ディジタル信号の場合の入出力電圧波形

　次に，小信号の場合の動作について説明します．回路の設計には，トランジスタの
バイアス設計（本書では省略）の知識が必要ですが，動作は理解できると思います．
図 7.3-3 のように，入力信号にバイアス設計によって決める適切な直流電圧 E を重畳
します．これにより，交流入力信号は図 7.3-4 のように脈流となります．バイアス設
計で説明しますが，直流電圧 E は，入力信号の電圧が 0 V の時に，出力電圧が電源電
圧 V_{CC} の 1/2 になるように設計します．

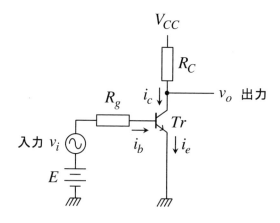

図 7.3-3　反転増幅回路

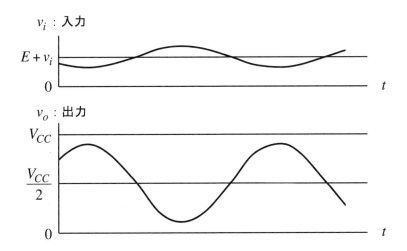

図 7.3-4　小信号の場合の入出力電圧波形

いま，入力信号（入力電圧）が v_i の時のトランジスタのベース電流 i_b は，

$$i_b = \frac{v_i + E - V_{BE}}{R_g} \tag{7.3-1}$$

となります．ここで，V_{BE} はベース–エミッタ間の電圧降下で，0.6 V 程度です．この時，コレクタ電流 i_c は，

$$\begin{aligned} i_c &= h_{fe} i_b \\ &= h_{fe} \frac{v_i + E - V_{BE}}{R_g} \end{aligned} \tag{7.3-2}$$

となります．従って，出力電圧 v_o は，

$$\begin{aligned} v_o &= V_{CC} - R_C i_c \\ &= V_{CC} - R_C h_{fe} \frac{v_i + E - V_{BE}}{R_g} \end{aligned} \tag{7.3-3}$$

となります．入力信号が変化して $v_i + \Delta v_i$ になった場合には，同様に計算しますと，出力電圧 $v_o + \Delta v_o$ は，

$$v_o + \Delta v_o = V_{CC} - R_C h_{fe} \frac{v_i + \Delta v_i + E - V_{BE}}{R_g} \tag{7.3-4}$$

となり，出力電圧の変化分 Δv_o は，

$$\Delta v_o = -R_C h_{fe} \frac{\Delta v_i}{R_g} \tag{7.3-5}$$

となります．これから，図 7.3-4 のように，入力電圧が増加すると出力電圧は減少し，逆に，入力電圧が減少すると出力電圧が増加することがわかります．また，入力信号の変化は $h_{fe}(R_C/R_g)$ 倍に増幅されることもわかります．

７．４　増幅回路のパラメータ

　ここで，増幅回路のパラメータを説明しておきます．増幅回路は一般に図 7.4-1 のような 1 対の入出力端子を持つ 2 端子対回路（4 端子回路）とみなすことができます．図において，A_v，Z_i，Z_o は，それぞれ，**電圧増幅率**（利得），**入力インピーダンス**，および，**出力インピーダンス**と呼ばれます．なお，e_g，Z_g，e_i，および，e_o は，それぞれ，信号源の電圧とインピーダンス，および，増幅回路の入力電圧と出力電圧です．

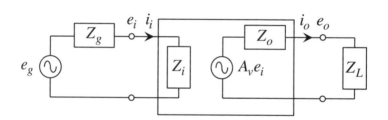

図 7.4-1　増幅回路の構成

　電圧増幅率 A_v は，

$$A_v = \frac{e_o}{e_i} \tag{7.4-1}$$

で与えられます．また，入力インピーダンス Z_i は，負荷を接続した状態での入力端子間のインピーダンスであり，

$$Z_i = \frac{e_i}{i_i} \tag{7.4-2}$$

で与えられます．一方，出力インピーダンス Z_o は，増幅回路への入力電圧 e_i を 0 とし

た場合の出力端子から増幅器側を見たときのインピーダンスであり，

$$Z_o = \left. \frac{e_o}{-i_o} \right|_{e_i=0} \qquad (7.4\text{-}3)$$

で与えられます．

　増幅回路では，入力インピーダンスは大きく，出力インピーダンスは小さいことが望ましいです．

７．５　エミッタホロワ回路

　インピーダンス変換回路やコレクタ接地回路とも呼ばれる回路です．回路は図 7.5-1 のように非常に単純な構成となっています．回路の特性の特徴として，

(1) 入力インピーダンスが高い，
(2) 出力インピーダンスが低い，
(3) 電圧増幅率は 1

を持っており，非常に重宝する回路です．それは，電子回路では信号を電圧として伝達する場合が多く，この場合には後段に縦続接続する回路は前段に比べて入力インピーダンスが無限大であることが理想だからです．後段の回路の入力インピーダンスが大きいと前段から後段へは電流はほとんど流れず，前段の回路の動作は後段の回路によって乱されることはありません．後段の回路の入力インピーダンスが低い場合には，前段の回路の出力インピーダンスが 0 であれば，理想的な関係となりますので，入力インピーダンスが高く，出力インピーダンスが低い回路が望ましいことになります．

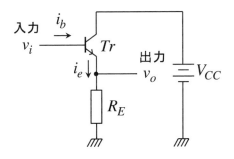

図 7.5-1　エミッタホロワ回路

では，何故入力インピーダンスが高くなるかを説明しましょう．図 7.5-1 の回路において，ベースに入力信号 v_i が入ったとします．この時，出力 v_o は，トランジスタのベース–エミッタ間電圧降下 V_{BE} を 0 と近似すれば，

$$v_o = v_i \qquad\qquad (7.5\text{-}1)$$

となり，エミッタ電流 i_e は抵抗 R_E を流れる電流に等しいですから，

$$i_e = \frac{v_i}{R_E} \qquad\qquad (7.5\text{-}2)$$

となります．また，エミッタ電流はベース電流 i_b を用いて

$$i_e = (1 + h_{fe}) i_b \qquad\qquad (7.5\text{-}3)$$

と表すことができますね．これら 2 つの式から，ベース電流は

$$i_b = \frac{v_i}{(1 + h_{fe}) R_E} \qquad\qquad (7.5\text{-}4)$$

と求まります．従って，入力インピーダンス Z_i は，

$$Z_i = \frac{v_i}{i_b} = (1 + h_{fe}) R_E \qquad\qquad (7.5\text{-}5)$$

となり，ベースから見た負荷（抵抗）のインピーダンスは等価的に $(1 + h_{fe})$ 倍の大きな値となります．

7．6　ダーリントン接続回路

　一般的に大電流用のトランジスタの直流電流増幅率 h_{FE} は低くなっており，10 A 程度のトランジスタでは 10〜30 となっています．そこで，トランジスタを 2 個あるいは数個組み合わせてダーリントン接続することにより，等価的に直流電流増幅率 h_{FE} を大きくすることが行われています．

　トランジスタには，PNP 型と NPN 型の 2 種類がありますので，ダーリントン接続回路は，図 7.6-1 のように，4 つの組み合わせがあります．図にはダーリントン接続によりできる等価トランジスタも示しています．いずれの場合においても，等価的な直流電流増幅係数 h_{FE} は，近似的に

$$h_{FE} \approx h_{FE1} h_{FE2} \qquad\qquad (7.6\text{-}1)$$

と，2つのトランジスタの直流電流増幅係数の積となります．ダーリントン接続回路を用いる場合の注意点としては，コレクタ損失がほぼ接続段数倍となりますので，放熱に十分注意することです．

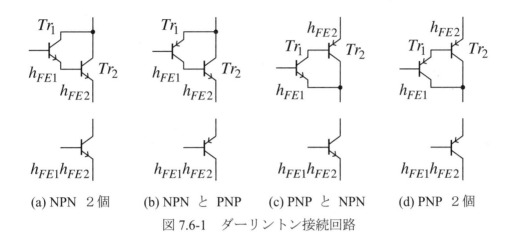

(a) NPN　2個　　　(b) NPN　と　PNP　　　(c) PNP　と　NPN　　　(d) PNP　2個

図 7.6-1　ダーリントン接続回路

それぞれの接続において，等価的なベース・エミッタ間電圧 V_{BE} は，

(a)　NPN 型トランジスタ 2 個を用いた場合は $V_{BE1} + V_{BE2}$，

(b)　主電流回路の Tr_2 に NPN 型トランジスタを用い，駆動回路の Tr_1 に PNP トランジスタを用いた場合は V_{BE1}，

(c)　主電流回路の Tr_2 に PNP 型トランジスタを用い，駆動回路の Tr_1 に NPN トランジスタを用いた場合は V_{BE1}，

(d)　PNP 型トランジスタ 2 個を用いた場合は $V_{BE1} + V_{BE2}$，

となります．

　ダーリントン接続により等価的な直流電流増幅係数 h_{FE} が式(7.6-1)で与えられることを，図 7.6-2 を用いて，NPN 型トランジスタを 2 個用いた場合について説明します．

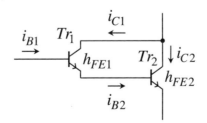

図 7.6-2　ダーリントン接続回路における各部の電流

117

図 7.6-2 において，Tr_1 に i_{B1} のベース電流が流れているとき，Tr_1 のコレクタ電流 i_{C1} は，

$$i_{C1} = h_{FE1} i_{B1} \tag{7.6-2}$$

となります．従って，Tr_1 のエミッタ電流 i_{E1} は，

$$i_{E1} = (1 + h_{FE1}) i_{B1} \tag{7.6-3}$$

となります．Tr_1 のエミッタ電流 i_{E1} は Tr_2 のベース電流 i_{B2} となっていますので，Tr_2 の コレクタ電流 i_{C2} は，

$$
\begin{aligned}
i_{C2} &= h_{FE2} i_{B2} \\
&= h_{FE2}(1 + h_{FE1}) i_{B1}
\end{aligned}
\tag{7.6-4}
$$

となります．ここで，Tr_1 の h_{FE1} が 1 より十分大きければ，

$$i_{C2} \approx h_{FE1} h_{FE2} i_{B1} \tag{7.6-5}$$

となり，ダーリントン接続した 2 つのトランジスタを等価な 1 つのトランジスタと見た場合の直流電流増幅率 h_{FE} は $h_{FE1} h_{FE2}$ となることがわかります．また，図 7.6-2 から，ベース・エミッタ間の電圧は，それぞれのトランジスタのベース・エミッタ間の電圧の和 $V_{BE1} + V_{BE2}$ となることは明らかです．

7．7　トランジスタによる電圧制御回路

　モータは電気エネルギーを機械的エネルギーに変換する機器ですから，大きな出力を得るためには，大きな電力をモータに加える必要があります．ところが，許容電力が1/2 W 程度の小形の可変抵抗器で何十 W もの出力のモータの端子電圧を制御することはできません．そこで，図 7.7-1 に示すような電圧制御回路が用いられます．この回路は，小信号により大きな電力を制御する一種の電力増幅回路です．モータのようなインダクタンス分を持つ負荷 R_L の場合には，負荷の両端にダイオードを並列に接続します．これは，トランジスタが OFF 状態になった場合に負荷で発生する逆起電圧によりトランジスタが破壊されるのを防ぐために，図のような電流路を作るためのものです．

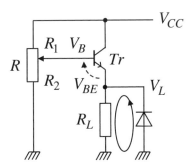

図 7.7-1 　電圧制御回路

　この回路で可変抵抗器に小形のものを用いることができることを説明します．ここで，モータの等価的なインピーダンスをR_Lとし，トランジスタのベース–エミッタ間電圧降下をV_{BE}とします．また，

$$R_1 + R_2 = R \tag{7.7-1}$$

とします．

　トランジスタのベース電圧をV_Bとしますと，モータに加わる電圧は$V_B - V_{BE}$ですから，モータに流れる電流I_Lは，

$$I_L = \frac{V_B - V_{BE}}{R_L} \tag{7.7-2}$$

となります．この電流はトランジスタのエミッタ電流に等しいですから，ベース電流i_Bとトランジスタの直流電圧増幅率h_{FE}を用いて

$$(1 + h_{FE})i_B = I_L = \frac{V_B - V_{BE}}{R_L} \tag{7.7-3}$$

と表すことができます．これから，

$$
\begin{aligned}
i_B &= \frac{V_B - V_{BE}}{R_L(1 + h_{FE})} \\
&= \frac{\dfrac{R_2}{R_1 + R_2} V_{CC} - V_{BE}}{R_L(1 + h_{FE})}
\end{aligned}
\tag{7.7-4}
$$

となります．トランジスタの直流電圧増幅率h_{FE}は一般に大きいですから，ベース電

流 i_B は小さな値となります．従って，可変抵抗器に流れる電流はほぼ V_{CC}/R となり，消費される電力は $V_{CC}{}^2/R$ 程度となります．従って，V_{CC} と R を適当に設定することにより，R には小形の可変抵抗器を用いることができます．

７．８　トランジスタによる電流制御回路

　電圧信号によって負荷 R_L に流れる電流を制御する回路を図 7.8-1 に示します．ここで抵抗 R_S は負荷電流 i_L を検出する働きをしています．

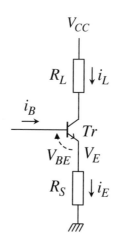

図 7.8-1　電流制御回路

　トランジスタに入力電圧 v_i が加わったとします．すると，エミッタ電圧 V_E は，

$$V_E = v_i - V_{BE} \tag{7.8-1}$$

となります．また，エミッタ電流 i_E は抵抗 R_S を流れる電流に等しく，

$$i_E = \frac{V_E}{R_S} \tag{7.8-2}$$

です．式(7.8-1)と $i_E = (1 + h_{FE})i_B$ を用いると，式(7.8-2)は，

$$(1 + h_{FE})i_B = \frac{v_i - V_{BE}}{R_S} \tag{7.8-3}$$

となります．従って，負荷に流れる電流 i_L （コレクタ電流）は，

120

$$i_L = h_{FE} i_B$$

$$= \frac{v_i - V_{BE}}{R_S} \cdot \frac{h_{FE}}{1 + h_{FE}}$$

$$\approx \frac{v_i - V_{BE}}{R_S} \tag{7.8-4}$$

となり，入力電圧 v_i により負荷に流れる電流 i_L を制御することができます．

7．9　差動直流増幅回路

　本書では詳しくは説明していませんが，トランジスタを用いた増幅回路では，カップリングコンデンサを用いて直流分をカットしながら交流の小信号を増幅します．従って，直流信号を増幅することはできません．直流信号も増幅できる直流増幅器として，差動直流増幅回路と不平衡形直流増幅回路があります．本節ではこれらのうちの差動増幅回路を説明します．不平衡形直流増幅回路については，次節（7．10節）で説明します．

7.9.1 トランジスタ差動直流増幅回路

　図 7.9-1 にトランジスタによる差動直流増幅回路を示します．差動増幅回路では，2つの入力端子の入力電圧の差電圧を増幅して，2つの出力端子の出力電圧の差電圧として出力します．この回路の Tr_3 のベースには，V_{CC} と V_{DD} の差電圧（$V_{CC} - V_{DD}$）を R_8 と R_9 で分圧した電圧 V_B（＝ 一定）が与えられています．従って，Tr_3 のコレクタ電流（エミッタ電流）は一定，すなわち，R_7 の電流は一定となります．これにより，R_5 と R_6 に流れる電流の和は一定となります．

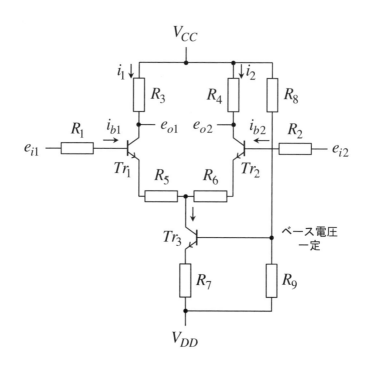

図 7.9-1　トランジスタ差動直流増幅回路

　いま，Tr_1 と Tr_2 の特性が等しいとします．そして，

$$R_1 = R_2 , \tag{7.9-1}$$
$$R_3 = R_4 , \tag{7.9-2}$$
$$R_5 = R_6 \tag{7.9-3}$$

とします．

　このとき，Tr_3 のコレクタを基準として入力電圧 e_{i1}，e_{i2} を定義し，Tr_1 と Tr_2 のベース電流と電流増幅係数をそれぞれ i_{b1}，i_{b2}，および，h_{fe1}，h_{fe2} としますと，

$$e_{i1} = i_{b1}R_1 + (1+h_{fe1})i_{b1}R_5 , \tag{7.9-4}$$

$$e_{i2} = i_{b2}R_2 + (1+h_{fe2})i_{b2}R_6 , \tag{7.9-5}$$

が成り立ちます．式(7.9-4)から

$$i_{b1} = \frac{e_{i1}}{R_1 + (1+h_{fe1})R_5} \cong \frac{e_{i1}}{h_{fe1}R_5} \tag{7.9-6}$$

となり，Tr_1 のコレクタ電流 i_1 は，

$$i_1 = h_{fe1}i_{b1} \cong \frac{e_{i1}}{R_5} \tag{7.9-7}$$

となります．従って，出力電圧 e_{o1} は，

$$e_{o1} = V_{CC} - R_3 i_1 \cong V_{CC} - R_3 \frac{e_{i1}}{R_5} \tag{7.9-8}$$

となります．同様にして，出力電圧 e_{o2} は，

$$e_{o2} = V_{CC} - R_4 i_2 \cong V_{CC} - R_4 \frac{e_{i2}}{R_6} \tag{7.9-9}$$

となります．従って，２つの出力電圧の差電圧は，

$$e_{o1} - e_{o2} \cong -R_3 \frac{e_{i1}}{R_5} + R_4 \frac{e_{i2}}{R_6}$$

$$= -\frac{R_3}{R_5}(e_{i1} - e_{i2}) \tag{7.9-10}$$

となり，入力電圧の差電圧の $-R_3/R_5$ 倍が出力電圧の差電圧となっていることがわかります．すなわち，電圧増幅率 A_v は，

$$A_v = \frac{e_{o1} - e_{o2}}{e_{i1} - e_{i2}} \cong -\frac{R_3}{R_5} \tag{7.9-11}$$

となっています．

7.9.2 ＦＥＴ差動直流増幅回路
　図 7.9-2 にＦＥＴによる差動直流増幅回路を示します．回路の構成は入力側にあるトランジスタがＦＥＴに置き換わるだけです．６．５節で説明しましたように，ＦＥＴは入力インピーダンスが極めて高く低雑音であるため，差動増幅回路に適した素子です．図 7.9-2 の Tr_1 は，トランジスタ差動増幅回路の場合と同様に，定電流回路を構成し R_7 に流れる電流を一定とするためのものです．

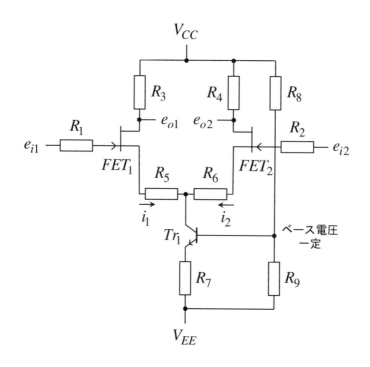

図 7.9-2　ＦＥＴ差動直流増幅回路

　　さて，トランジスタ差動増幅回路の場合と同様に，Tr_1 のコレクタの電位を基準と
します．ＦＥＴの入力インピーダンスは極めて高いですから，FET_1 のゲート−ソース
間の電圧 e_{GS1} は，FET_1 のドレイン電流を i_1 としますと，

$$e_{GS1} = e_{i1} - R_5 i_1 \tag{7.9-12}$$

となります．従って，

$$\begin{aligned} i_1 &= g_{m1} e_{GS1} \\ &= g_{m1}(e_{i1} - R_5 i_1) \end{aligned} \tag{7.9-13}$$

となり，

$$i_1 = \frac{g_{m1} e_{i1}}{1 + g_{m1} R_5} \tag{7.9-14}$$

となります．同様にして，FET_2 のドレイン電流 i_2 は，

$$i_2 = \frac{g_{m2} e_{i2}}{1 + g_{m2} R_6} \tag{7.9-15}$$

124

となります．式(7.9-14)，(7.9-15)から，出力電圧 e_{o1} と e_{o2} は，それぞれ，

$$e_{o1} = V_{CC} - R_3 i_1$$

$$= V_{CC} - R_3 \frac{g_{m1} e_{i1}}{1 + g_{m1} R_5} \tag{7.9-16}$$

$$e_{o2} = V_{CC} - R_4 i_2$$

$$= V_{CC} - R_4 \frac{g_{m2} e_{i2}}{1 + g_{m2} R_6} \tag{7.9-17}$$

となります．従って，

$$e_{o1} - e_{o2} = -\left(R_3 \frac{g_{m1} e_{i1}}{1 + g_{m1} R_5} - R_4 \frac{g_{m2} e_{i2}}{1 + g_{m2} R_6} \right) \tag{7.9-18}$$

となります．

$$g_{m1} = g_{m2} = g_m , \tag{7.9-19}$$

$$R_3 = R_4 , \tag{7.9-20}$$

$$R_5 = R_6 \tag{7.9-21}$$

が成り立つように回路を設計しますと，

$$e_{o1} - e_{o2} = -\frac{g_m R_3}{1 + g_m R_5} (e_{i1} - e_{i2}) \tag{7.9-22}$$

となり，電圧増幅率 A_v は，

$$A_v = \frac{e_{o1} - e_{o2}}{e_{i1} - e_{i2}} = -\frac{g_m R_3}{1 + g_m R_5} \tag{7.9-23}$$

となります．

７．１０　不平衡形直流増幅回路

　前節で説明しました差動直流増幅回路では，２つの入力電圧の差電圧を増幅して２つの出力電圧の差電圧として出力するものでした．これに対して，回路の接地（アース）に対して直流入力電圧を増幅する回路は不平衡形と呼ばれます．

　回路図を図 7.10-1 に示します．この回路では，Tr_1 のコレクタ電流のほとんどは Tr_2 のベース電流となっていますので，Tr_2 のコレクタ電流は Tr_1 のエミッタ電流に比べて非常に大きくなり，R_A を流れる電流は R_B を流れる電流とほぼ等しくなります．従って，出力電圧を e_o としますと，図の A 点の電位 e_A は，

$$e_A = \frac{R_A}{R_A + R_B} e_o \tag{7.10-1}$$

となりますが，e_A は Tr_1 のコレクターエミッタ間電圧降下を V_{BE} として入力電圧 e_i から

$$e_A = e_i - V_{BE} \tag{7.10-2}$$

とも表現できます．

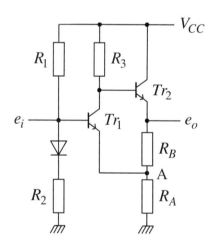

図 7.10-1　不平衡形直流増幅回路

　$V_{BE} = 0$ と近似しますと，式(7.10-1)，(7.10-2)から，

$$e_i = \frac{R_A}{R_A + R_B} e_o \tag{7.10-3}$$

すなわち，

126

$$e_o = \left(1 + \frac{R_B}{R_A}\right) e_i \tag{7.10-4}$$

となります．従って，電圧増幅率 A_v は，

$$A_v = 1 + \frac{R_B}{R_A} \tag{7.10-5}$$

となります．

第8章　電源基本回路

　電子回路は一般に，直流電源により駆動されています．回路の動作や性能を一定に保つためには，電源の電圧や電流は精度が高く一定であることが必要です．電源回路は，家庭用コンセントからの交流 100 V の電圧をトランス等で振幅を小さくし，その後，一定方向の電圧に変換する**整流回路**，整流された電圧の変動をある範囲の幅にするための**平滑回路**，および，一定の電圧を得るための**定電圧回路**から構成されています．この章では，整流回路，平滑回路，および，定電圧回路の基礎を説明します．なお，最近の電源回路のほとんどは，トランジスタをスイッチとして用いてそのオン・オフの比を制御して電力の流れを調節する方式のスイッチング電源となっていますが，回路構成がやや複雑ですので，ここでは説明を割愛します．

８．１　整流回路

8.1.1 単相半波整流回路

　単相半波整流回路では，ダイオードを 1 つ用いて交流電圧を整流し，脈流を得ます．回路図と整流後の電圧波形を図 8.1-1 に示します．ここで，R_L は整流後の電圧を用いる回路のインピーダンスを表します．この回路は，ダイオードの整流作用を用いて，入力された交流電圧のうちの半分 (例えば，0 V より大きい部分) だけを出力します．

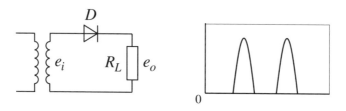

図 8.1-1　単相半波整流回路と整流後の電圧波形

　回路の入力電圧の波形を正弦波とし，

$$e_i = E \sin \omega t \qquad (8.1\text{-}1)$$

と表しますと，出力電圧は，

$$
\begin{aligned}
e_0 &= E \sin \omega t & (0 \le \omega t \le \pi) \\
&= 0 & (\pi \le \omega t \le 2\pi)
\end{aligned}
\qquad (8.1\text{-}2)
$$

となります. これから, 出力電圧の平均値 e_{oAve} と実効値 e_{oRMS} は, それぞれ,

$$e_{oAve} = \frac{1}{\frac{2\pi}{\omega}} \int_0^{\frac{\pi}{\omega}} E \sin \omega t \, dt$$

$$= \frac{\omega}{2\pi} \left[-\frac{1}{\omega} \cos \omega t \right]_0^{\frac{\pi}{\omega}}$$

$$= \frac{E}{\pi} \tag{8.1-3}$$

$$e_{oRMS} = \sqrt{\frac{1}{\frac{2\pi}{\omega}} \int_0^{\frac{\pi}{\omega}} (E \sin \omega t)^2 \, dt}$$

$$= \sqrt{\frac{\omega E^2}{2\pi} \int_0^{\frac{\pi}{\omega}} \frac{1 - \cos 2\omega t}{2} \, dt}$$

$$= \frac{E}{2} \tag{8.1-4}$$

となります.

8.1.2 単相ブリッジ全波整流回路

単相ブリッジ全波整流回路の回路図と整流後の電圧波形を, 図 8.1-2 に示します.

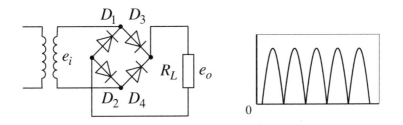

図 8.1-2　単相ブリッジ全波整流回路と整流後の電圧波形

回路の入力電圧の波形を正弦波（$e_i = E \sin \omega t$）としますと, 出力電圧は,

$$e_0 = E \sin \omega t \qquad (0 \leq \omega t \leq \pi)$$

$$= -E \sin \omega t \qquad\qquad (\pi \leq \omega t \leq 2\pi) \qquad\qquad\qquad (8.1\text{-}5)$$

となります．これから，出力電圧の平均値 e_{oAve} と実効値 e_{oRMS} は，それぞれ，

$$e_{oAve} = \frac{1}{\dfrac{\pi}{\omega}} \int_0^{\frac{\pi}{\omega}} E \sin \omega t \, dt$$

$$= \frac{2E}{\pi} \qquad\qquad\qquad (8.1\text{-}6)$$

$$e_{oRMS} = \sqrt{\frac{1}{\dfrac{\pi}{\omega}} \int_0^{\frac{\pi}{\omega}} (E \sin \omega t)^2 \, dt}$$

$$= \frac{\sqrt{2}E}{2} \qquad\qquad\qquad (8.1\text{-}7)$$

となります．

8.1.3 倍電圧半波整流回路

　倍電圧半波整流回路の回路図を，図 8.1-3 に示します．この回路は，入力電圧 e_i が負（図の下側がプラス）の時間帯にコンデンサ C_1（$C_1 \gg C_2$）を充電して得た電圧を，e_i が正の時間帯に e_i と直列に接続することにより倍電圧を得るものです．ただし，この回路では大きな電流値を得ることはできません．

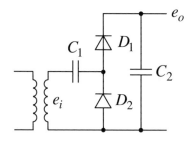

図 8.1-3　倍電圧半波整流回路

　いま，簡単のため，e_i が E と $-E$ との間を矩形状に変化するとして回路の動作を説明します．最初，コンデンサ C_1 および C_2 の電荷はどちらも 0 とします．入力電圧 e_i が $-E$ の時間帯では，コンデンサ C_1 はダイオード D_2 を通って流入する電流により充電されて，コンデンサ C_1 の電圧は右側をプラスとして E まで上昇します．このとき，ダ

イオード D_2 と D_1 には順方向に電圧がかかりますので，出力電圧 e_o はほぼ 0 のまま です．そして，e_i が E に変化すると，出力電圧 e_o は e_i とコンデンサ C_1 の電圧の和とな り $2E$ となります．コンデンサ C_1 からはコンデンサ C_2 の充電電流が流れ出すために， 右側をプラスとした両端の電圧は E から次第に下がります．そして，再び，e_i が $-E$ と なると，コンデンサ C_1 は右側をプラスとして充電され，上記の動作が繰り返される ことになります．

　出力に負荷 R_L を接続した場合において，入力電圧 e_i が $-E$ から E に矩形状に変化し た時，コンデンサ C_1 の両端の電圧，および，出力電圧 e_o の時間変化を求めてみます． コンデンサ C_1 と C_2 に蓄積される電荷をそれぞれ q_1 と q_2 とします．ここで，コンデン サ C_1 では右側をプラスとし，コンデンサ C_2 では上側をプラスとします．また，コン デンサ C_1 から右向きに流れ出す電流を i とします．すると，コンデンサ C_1 に対して，

$$\frac{dq_1}{dt} = -i \tag{8.1-8}$$

$$e_o - E = \frac{q_1}{C_1} \tag{8.1-9}$$

が成り立ちます．また，コンデンサ C_1 からの電流は，コンデンサ C_2 と負荷 R_L を流れ ますから，

$$i = \frac{dq_2}{dt} + \frac{e_o}{R_L} \tag{8.1-10}$$

一方，コンデンサ C_2 に対しては，

$$e_o = \frac{q_2}{C_2} \tag{8.1.11}$$

が成立します．これらの式から，i，q_1 および q_2 を消去すると，e_o に関する微分方程 式

$$C_1 \frac{de_o}{dt} = -i = -\left(C_2 \frac{de_o}{dt} + \frac{e_o}{R_L} \right) \tag{8.1-12}$$

が得られます．これを解くと，一般解は，

$$e_o = K e^{-\frac{1}{(C_1+C_2)R_L}t} \tag{8.1-13}$$

となりますが，入力電圧が $-E$ から E に変化する時刻を $t=0$ としますと，$t=0$ で $E_o = 2E$ ですから，

$$e_o = 2Ee^{-\frac{1}{(C_1+C_2)R_L}t}$$ (8.1-14)

となります．これから，出力電圧 e_o の波形は，図 8.1-4(b)のようになります．

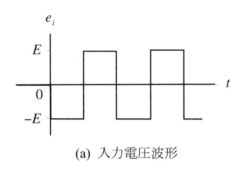

(a) 入力電圧波形

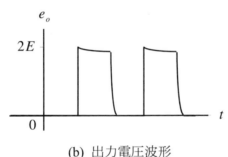

(b) 出力電圧波形

図 8.1-4　倍電圧半波整流回路の入力と出力の電圧波形

８．２　平滑回路

前節で説明しましたように，整流回路の出力電圧（電流）は脈流となっています．すなわち，電圧（電流）は0 V（0 A）以上か以下かのどちらかですが，値は時間的に変動しています．この変動分を除去するための回路が平滑回路です．

平滑回路の例を図 8.2-1 に示します．図 8.2-1(a)のように，負荷に並列に大容量のコンデンサを接続することで平滑回路が構成できますが，コンデンサの容量が大きくなり，整流用ダイオードがオンとなった時にパルス状の電流が流れるなどの欠点があります．これを防ぐためには，図 8.2-1(b)のようにコイル（チョーク）を用いた LC 平滑回路が用いられます．

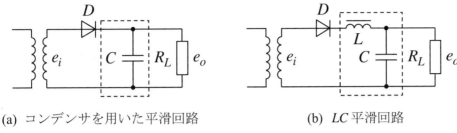

(a) コンデンサを用いた平滑回路　　　　　　　　(b) LC 平滑回路

図 8.2-1　平滑回路

　単相半波整流回路とコンデンサを用いた平滑回路を接続した回路（図 8.2-1(a)）の平滑動作を解析してみましょう．いま，ダイオード D がオン状態にあるとします．この時，入力電圧 e_i，回路（ダイオード）を流れる電流 i，および，出力電圧 e_o の間には，

$$e_i = E \sin \omega t = e_o \tag{8.2-1}$$

$$i = \frac{e_o}{R_L} + C \frac{de_o}{dt} \tag{8.2-2}$$

が成立します．式(8.2-1)を式(8.2-2)に代入しますと，

$$
\begin{aligned}
i &= \frac{E \sin \omega t}{R_L} + \omega C E \cos \omega t \\
&= E \sqrt{\left(\frac{1}{R_L}\right)^2 + (\omega C)^2} \sin(\omega t + \phi)
\end{aligned}
\tag{8.2-3}
$$

となります．ここで，

$$\tan \phi = \frac{\omega C}{\dfrac{1}{R_L}} = \omega C R_L \tag{8.2-4}$$

です．ダイオードには整流作用がありますから，ダイオードがオフになる時刻 t_1 は，$i = 0$ となる時刻として与えられ，

$$t_1 = \frac{1}{\omega}\left(\pi - \tan^{-1} \omega C R_L\right) \tag{8.2-5}$$

133

となります. そして，時刻 t_1 以降では，

$$0 = \frac{e_o}{R_L} + C\frac{de_o}{dt} \tag{8.2-6}$$

が成立します. 時刻 t_1 で $e_o = E\sin\omega t_1$ となることに注意してこの微分方程式を解くと，

$$e_o = E\sin\omega t_1 e^{-\frac{1}{CR_L}(t-t_1)} \tag{8.2-7}$$

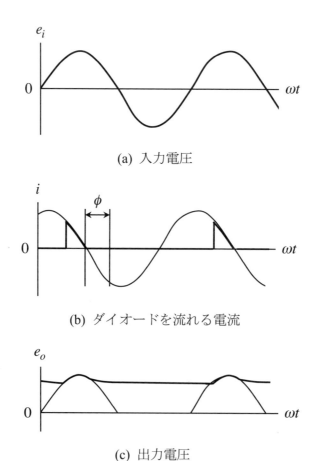

(a) 入力電圧

(b) ダイオードを流れる電流

(c) 出力電圧

図 8.2-2　単相半波整流回路とコンデンサを用いた平滑回路を接続した回路の特性

となります. ダイオードが再びオンになる時刻 t_2 は，式(8.2-7)で与えられる e_o が e_i となる時刻に等しいことから，

134

$$E\sin\omega t_2 = E\sin\omega t_1 e^{-\frac{1}{CR_L}(t_2-t_1)} \tag{8.2-8}$$

から求めることができます．以上の解析結果から，ダイオードに流れる電流 i と出力電圧 e_o の時間変化は，図 8.2-2 のようになることがわかります．

8．3　定電圧回路

8.3.1 ツェナダイオードによる定電圧回路

ツェナダイオードは，6.3.2 節で説明しましたように，順方向の特性は通常のダイオードと同じ特性を持っていますが，逆方向に電圧を加えた場合にはツェナ電圧 V_Z まではほぼ一定のごく小さな逆方向電流が流れ，ツェナ電圧を超えると大きな逆方向電流が流れるという特性を持っています．この特性を利用しますと，図 8.3-1 のような簡単な定電圧回路が構成できます．この回路は比較的小電力の定電圧電源として使用されます．

いま，この回路の入力電圧 v_i がツェナ電圧 V_Z を超えているとします．このとき，入力電圧 v_i が増加しますと，ツェナダイオードを流れる電流が増加し R_S での電圧降下が増加して，出力電圧 v_o が小さくなります．逆に，入力電圧 v_i が減少しますと，ツェナダイオードを流れる電流が減少し R_S での電圧降下が減少して，出力電圧 v_o が大きくなります．このようにして，出力電圧 v_o はツェナ電圧 V_Z に平衡します．

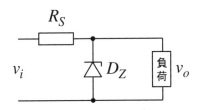

図 8.3-1　ツェナダイオードによる定電圧回路

8.3.2 三端子レギュレータ

比較的小電流ではありますが，定電圧を得るための IC として三端子レギュレータがあり，これを用いることで良好な特性を持つ電源回路が簡便に構成できます．三端子レギュレータには，「78 シリーズ」と呼ばれる正電源用のものと，「79 シリーズ」と呼ばれる負電源用のものがあります．出力電圧は，5，6，7，8，9，10，12，15，18，および 24 V のものが用意されています．また，出力電流については，100 mA

から1A程度のものがいくつかの段階で用意されています.

　三端子レギュレータの標準的な接続方法を，図8.3-2に示します．正電源用の三端子レギュレータの場合，入力電圧v_iは出力電圧v_oに対して，+2.5V以上となるようにします．負電源用のものも同様です．コンデンサC_1は異常発振防止用のもので，フィルムコンデンサのような電圧特性，温度特性の良いものが推奨されています．実際には，容量が0.1～0.3μFのセラミックコンデンサがよく使われています．また，C_2は発振防止と過渡負荷安定度向上のためのもので，数十μFの電解コンデンサがよく用いられています．なお，適切な放熱器（放熱板）を取り付けます．そうしないと，出力電流を規格値の数割程度以上とする場合には，発熱のために三端子レギュレータが破壊される恐れがあります.

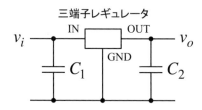

図 8.3-2　三端子レギュレータの標準的な接続方法

第9章　オペアンプ回路

　本章では，オペアンプを用いた回路とその動作やその解析方法について学びます．まず，オペアンプの基本特性として重要なバーチャル・ショートについて説明し，基本的な2つの回路（反転増幅回路と非反転増幅回路）の電圧増幅率の解析方法を述べます．そして，実際的な回路を設計・製作する際の留意点を述べます．それから，代表的なオペアンプ回路を説明します．

9．1　オペアンプとその基本特性

　オペアンプは，もともとアナログコンピュータの基本要素として開発されたもので，アナログ信号の演算ができる増幅器という意味で「Operational Amplifier」と名付けられました．オペアンプは2つの入力端子と1つの出力端子を持っており，2つの入力の差動増幅器として動作します．オペアンプを動作させるには，通常，正負の2つの電源入力が必要です．電子回路記号は図 9.1-1 のような三角形の記号となっています．なお，電源端子は電子回路図においては省略されることが多いです．

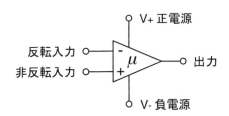

図 9.1-1　オペアンプの電子回路記号

　オペアンプは2つの入力の差電圧（プラス側の入力端子の電位 e_p とマイナス側の入力端子の電位 e_n の差： $e_p - e_n$ ）を増幅します．その電圧増幅率（開ループゲイン） μ は，通常，非常に大きなものとなっています．そのため，オペアンプの重要な特性として，プラス側の入力端子の電位とマイナス側の入力端子の電位が（ほぼ）等しくなっています．この特性は，**バーチャル・ショート**（virtual short）と呼ばれています．バーチャル・ショートでは，図 9.1-2 のように，プラス側の入力端子の電位とマイナス側の入力端子の電位は（ほぼ）等しくなっていますが，オペアンプの構造上，プラス側の入力端子とマイナス側の入力端子の間には電流はほとんど流れないことに注意して下さい．

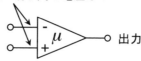

バーチャル・ショート：
２つの入力端子間の電圧は０

図 9.1-2　バーチャル・ショート

９．２　反転増幅回路

　反転増幅回路はオペアンプ回路の最も基本的な回路です．反転増幅回路を図 9.2-1 に示します．この回路の特性は，

(1) 出力電圧波形と入力電圧波形の位相は 180 度ずれている，
(2) 入力インピーダンスは R_1，
(3) 回路の電圧増幅率（電圧ゲイン：A_v）は $A_v \approx -R_2/R_1$，
(4) プラス側の入力端子に接続する抵抗 R_3 は R_1 と R_2 の並列抵抗値 $R_3 = R_1 // R_2$，
(5) 回路が簡単で安価

です．ここで，特性(3)の電圧増幅率が負となっていますのは，出力電圧波形の位相が入力電圧波形と 180 度ずれていることを表し，特性(4)の抵抗 R_3 は，バイポーラ型のオペアンプでは入力バイアス電流が大きく，これにより電圧増幅率に理論値との誤差が生じるのを補償するためのものです．この回路では，実用上簡単に扱える電圧増幅率の絶対値の範囲は 0.1 から 10 程度です．また，回路の用途としては，電圧増幅，アナログ定数倍演算や極性反転があります．

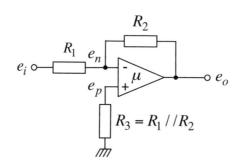

図 9.2-1 反転増幅回路

　では，回路の動作原理を説明しましょう．まず，オペアンプの開ループゲインから

回路の電圧増幅率を求めてみます. 回路の電圧増幅率を A_v としますと, 入力電圧 e_i と出力電圧 e_o の関係は,

$$e_o = A_v e_i \tag{9.2-1}$$

となります. オペアンプは2つの入力端子の電圧 e_d（プラス側の入力端子の電位 e_p とマイナス側の入力端子の電位 e_n の差：$e_p - e_n$）を増幅しますので, オペアンプの開ループゲインを μ としますと

$$e_o = \mu e_d \tag{9.2-2}$$

となります. オペアンプの入力インピーダンスは非常に高いので, 端子に流れる電流は0とみなせることを考慮しますと, マイナス側の入力端子の電位 e_n は, 2つの抵抗 R_1 と R_2 が直列に接続された回路の両端の電位が e_i と e_o の場合における R_1 と R_2 の間の電位に等しいですから,

$$e_n = e_i - \frac{R_1}{R_1 + R_2}(e_i - e_o) \tag{9.2-3}$$

となります. また, プラス側の入力端子の電位 e_p は 0（グランドレベル）ですので, 差電圧 e_d は,

$$e_d = -\left\{ e_i - \frac{R_1}{R_1 + R_2}(e_i - e_o) \right\} \tag{9.2-4}$$

となります. 従って, 式(10.2-2), (10.2-4)より,

$$e_o = -\mu \left\{ e_i - \frac{R_1}{R_1 + R_2}(e_i - e_o) \right\} \tag{9.2-5}$$

となり, これから, 回路の電圧増幅率 A_v （$= e_o/e_i$）は

$$A_v = -\frac{\left(1 - \dfrac{R_1}{R_1 + R_2}\right)\mu}{1 + \dfrac{R_1}{R_1 + R_2}\mu} \tag{9.2-6}$$

と求まります. 一般にオペアンプの開ループゲイン μ は $10^4 \sim 10^7$ と非常に大きいですから, 回路の電圧増幅率は近似的に

$$A_v \approx -\frac{R_2}{R_1} \qquad\qquad (9.2\text{-}7)$$

となります. ここで, A_v は負となっていますがこれは出力電圧の位相が入力電圧に対して180度ずれることを意味しています.

　上の説明では開ループゲインに基づいて回路の電圧増幅率を求めましたが, オペアンプの特徴のバーチャル・ショートを用いますと, 回路の電圧増幅率を簡単に求めることができます. 反転増幅回路では, プラス側の入力端子の電位はゼロですから, バーチャル・ショートによりマイナス側の入力端子の電位もゼロとなります. ただし, 両端子間では電流の流れはありません. 従って、マイナス側の入力端子電位は

$$e_n = e_i - \frac{R_1}{R_1 + R_2}(e_i - e_o) \approx 0 \qquad\qquad (9.2\text{-}8)$$

となり, これから回路の電圧増幅率 A_v $(= e_o/e_i)$ は

$$A_v \approx -\frac{R_2}{R_1} \qquad\qquad (9.2\text{-}7)$$

と求まります.

（**問題 9-1**）ゲインが 10 の反転増幅回路を設計したい. 図 9.2-1 の回路において $R_1 = 100\,[\mathrm{k\Omega}]$ とするとき, R_2 と R_3 の値を E24 の系列から選定せよ.

９．３　非反転増幅回路

　前節の反転増幅回路では出力電圧波形の位相は入力電圧波形の位相と180度ずれていましたが, 非反転増幅回路では出力電圧波形と入力電圧波形の位相はずれず, 同位相となります. 非反転増幅回路を図 9.3-1 に示します.

　この回路の特長は, 信号を同相で増幅することだけではなく, 入力インピーダンスを高くできることです. 実用上は回路の入力インピーダンスは, オペアンプの持つ入力インピーダンスより十分大きいと考えてさしつかえありません. ただし, 入力インピーダンスは回路のゲインによって変化することに注意する必要があります. 非反転増幅回路で $R_1 = \infty$ である場合（すなわちマイナス側端子が R_1 によって接地されていない場合）は, ボルテージフォロワ回路（９．５節参照）と呼ばれ, ゲインは1となり, 入力インピーダンスは∞とみなせます. なお, 実用上簡単に扱えるゲインの範囲は1から10程度です.

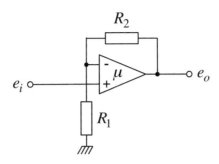

図 9.3-1　非反転増幅回路

　さて，非反転増幅回路のゲインを求めてみましょう．入力電圧を e_i，出力電圧を e_o とするとき，図 9.3-1 から入力端子間の電位差 e_d は

$$e_d = e_p - e_n$$

$$= e_i - \frac{R_1}{R_1 + R_2} e_o \tag{9.3-1}$$

となります．従って，出力電圧 e_o は

$$e_o = \mu \left(e_i - \frac{R_1}{R_1 + R_2} e_o \right) \tag{9.3-2}$$

となります．これらから，この回路の電圧増幅率 $A_v \, (= e_o/e_i)$ は

$$A_v = \frac{\mu}{1 + \dfrac{R_1}{R_1 + R_2} \mu} \tag{9.3-3}$$

と求まります．オペアンプの開ループゲイン μ は非常に大きいですから，A_v は近似的に

$$A_v \approx 1 + \frac{R_2}{R_1} \tag{9.3-4}$$

で与えられます．

　（**問題 9-2**）バーチャル・ショートを用いて，図 9.3-1 の非反転増幅回路のゲインを求めよ．

141

９．４　オペアンプ使用上の留意点

　オペアンプの基本的な２つの回路について学んだところで，オペアンプを使用する場合の留意点についてまとめておきましょう．

9.4.1 オペアンプ回路の実際

　オペアンプ回路は，通常，図 9.2-1（非反転増幅回路）のように書かれます．しかしながら，オペアンプや抵抗を購入してこの回路図通りに結線すればオペアンプ回路が動作するわけではありません．それは，オペアンプ回路では回路図には表現されていないいくつかの約束事があるからです．例えばオペアンプのピン配置（図 9.4-1 参照）を見るとわかりますが，プラス電源端子とマイナス電源端子があります．これらの端子にはオペアンプを動作させるための指定された電圧をかけます．このように，オペアンプ回路の回路図では通常電源ラインは省略されています．ここら辺りの事情はディジタル IC 回路と同じです．

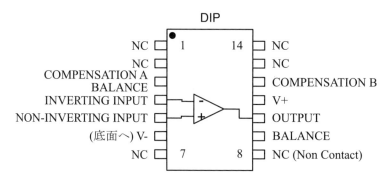

図 9.4-1　オペアンプのピン配置例

　電源ラインのように，回路図には書かれていませんが実際に組み立てる時に必要となる留意点は

(1) 電源ラインを追加する，
(2) 電源ラインにバイパスコンデンサを入れる，
(3) **位相補償回路**を追加する（位相補償回路の不要なオペアンプもあります），
(4) バイパスコンデンサと位相補償回路用の部品はできるだけ短く配線する，
(5) グランドは一点にあつめる

といったことが挙げられます．

　位相補償回路は以下のような理由により必要となります．オペアンプ回路では，出力を入力側に戻すフィードバック回路を構成することによりさまざまな動作をさせます．フィードバック回路では入力電圧と出力電圧の位相と回路ゲインとの関係によって発振させることもできます．オペアンプ回路が発振してしまうのはまずいですから，どんな回路ゲインに対しても発振しないように位相を調整するために，位相補償回路が追加されます．

9.4.2　位相補償回路

　位相補償回路はオペアンプの動作スピードと安定性を左右する重要な回路で，それぞれのオペアンプにより位相補償回路が指定されています，

　オペアンプに用いられる位相補償回路としては，図 9.4-2 に示すような3種類があります．すなわち、

(1) いくつもの部品を用いるタイプ，
(2) コンデンサ1個を用いるタイプ，
(3) 位相補償回路が不要なタイプ

です．タイプ(1)は，709 のような初期のオペアンプや高速オペアンプに見られます．タイプ(2)はもっともポピュラーな方式です．タイプ(3)には 741 などがあり，手軽に用いることができますので普及していますが，応答速度などそのオペアンプのもつ性能をいっぱいまで引き出して用いる場合に，いざ位相補償を加減したいという時に普通の方式では調整できません．

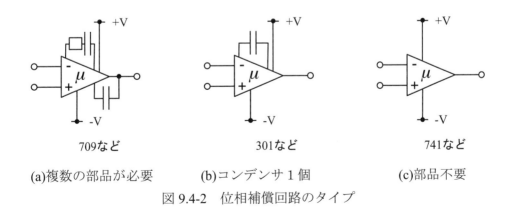

709など　　　　　　　　301など　　　　　　　　741など

(a)複数の部品が必要　　(b)コンデンサ1個　　(c)部品不要

図 9.4-2　位相補償回路のタイプ

9.4.3　理想的なオペアンプ

　それでは，理想的なオペアンプとはどのようなものなのでしょうか．また，現実の

オペアンプでは，どのような場合に理想的と扱ってはいけないのでしょうか．

理想的なオペアンプは以下のような特性を持つものです．

(1) 増幅度が無限大，

(2) 帯域幅が DC から無限周波数まである（すなわち，どんな周波数の入力信号でも扱える），

(3) 入力インピーダンスが無限大，

(4) 出力インピーダンスがゼロ，

(5) 雑音がなく，入力がゼロの時出力もゼロとなる，

(6) 深い負帰還が安定にかけられる．

しかし，現実のオペアンプでは厳密にはこれらの特性を満たしていません．しかしながら，通常の使い方では理想的なオペアンプの持つ特性を持っているものとして扱ってかまいません．

理想的なオペアンプとして扱うことができなくなる場合をそれぞれ以下に説明します．

1. 増幅度が 1000 倍以上ほしい時

オペアンプも一種の増幅器ですから雑音が発生します．雑音には，

(1) 導体の中をキャリア（電子またはホール）が不規則に動くことによる熱雑音，

(2) ショット雑音（半導体ではジャンクションを通り抜けるキャリアのランダムな拡散によって生じる），

(3) 材料の不完全な接触によって電気抵抗が変化するために生じる接触雑音

などがあります．また，入力がゼロの場合でも出力にはオフセット電圧と呼ばれる電圧が出力に現れます．これが温度や時間とともに変動することは，**ゼロ点変動**や**ゼロ・ドリフト**などと呼ばれています．

増幅度が 1000 倍以上ほしい場合には，信号に含まれるこのような雑音やゼロ点からのずれも増幅されてしまいます．例えば，入力に換算して 10 mV のずれがあった場合，増幅度 1000 倍では 10 V となってしまいます．

このような場合にはオペアンプによる増幅を二段にして，初段に低雑音タイプのオペアンプを用いることが有効です．しかも各段のゲイン設定は SN 比を向上させるために，初段のゲインを二段目のゲインより大きくします（9.11 節参照）．

2. 信号レベルが 10 mV 以下

　この場合は雑音やゼロ点からのずれが信号レベルと比較して相対的に大きく，無視できません．

3. 入力端子間に 10 kΩ 以下の抵抗を接続する時
　この場合は入力抵抗が小さくなったのと同じです．

4. 数十 kHz より高い周波数の信号を扱う時
　汎用のオペアンプでは，図 9.4-3 のように，固有の周波数（普通の汎用品では 10 Hz あたり）以上では周波数が 10 倍になる度に増幅度は 10 分の 1 になる割合で低下します，ですから、数十 kHz より高い周波数ではゲインがそれ程かせげません．

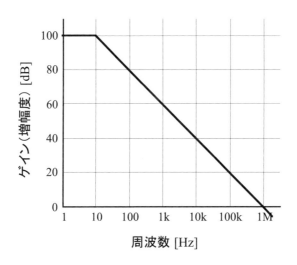

図 9.4-3　信号周波数とオペアンプの電圧増幅率

5. 速い立ち上がりが必要な時
　普通のオペアンプの出力の立ち上がりはあまり速くはなく，1 mS あたり 0.3〜0.5 V が最大です．なお，立ち上がり速度を示す指標としてスルーレートがあります．これは，入力電圧の変化に対して出力電圧波形がどの程度の変化で追従できるかを，出力電圧の立ち上がり速度（変化率）で示したものです．

6. 大電流、大振幅の出力がほしい時
　普通のオペアンプは電源電圧が ±15 V ですので，出力振幅はせいぜい ±12 V です．また、普通のオペアンプの出力電流は 10 mA 程度です．

９．５　ボルテージフォロワ回路

図 9.5-1 に示しますように，この回路は，非反転増幅回路でマイナス側入力端子に接続する抵抗を∞とした場合で，入力インピーダンスを大きくするために用いられます．理論上の入力インピーダンスは∞ですが，実際には数百 MΩ程度となります．また，出力インピーダンスは極めて低く，入力電圧をそのまま出力します．ボルテージフォロワ回路の電圧増幅率は1で，入力インピーダンスを高くするために用いられます．この回路はオペアンプ回路の中で最も発振し易い回路ですので，位相補償には十分留意します．なお，図において R_1 は，オペアンプに内蔵のクランプ・ダイオード等に過大な電流が流れるのを防ぐ保護抵抗です．

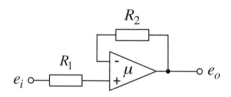

図 9.5-1　ボルテージフォロワ回路

９．６　差動増幅回路

差動増幅回路では，オペアンプのプラスとマイナスの端子に入力する２つの入力信号の差電圧を増幅します．その回路を図 9.6-1 に示します．差動増幅回路は，差動電圧増幅，コモンモード電圧除去（原因は同一であるが異なる場所に現れた雑音電圧の除去）などに用いられます．また，実用上簡単に扱える電圧増幅率の範囲は0.1 から10 程度です．

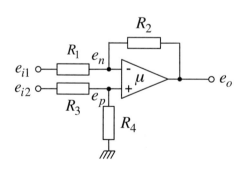

図 9.6-1　差動増幅回路

２つの入力信号をそれぞれ e_{i1}，e_{i2}，出力信号を e_o としますと，オペアンプのプラス，マイナス両端子の電位はそれぞれ

$$e_p = \frac{R_4}{R_3 + R_4} e_{i2} \tag{9.6-1}$$

$$e_n = e_{i1} - \frac{R_1}{R_1 + R_2}(e_{i1} - e_o) \tag{9.6-2}$$

となります．これから，差電圧 e_d は

$$e_d = \frac{R_4}{R_3 + R_4} e_{i2} - \left\{ e_{i1} - \frac{R_1}{R_1 + R_2}(e_{i1} - e_o) \right\} \tag{9.6-3}$$

となり，出力電圧 e_o は

$$e_o = \mu \left[\frac{R_4}{R_3 + R_4} e_{i2} - \left\{ e_{i1} - \frac{R_1}{R_1 + R_2}(e_{i1} - e_o) \right\} \right] \tag{9.6-4}$$

となります．ここで，μ はオペアンプの開ループゲインです．ところが，オペアンプでは

$$\mu \approx \infty \tag{9.6-5}$$

が成り立ちますので，この時は

$$0 \approx \frac{R_4}{R_3 + R_4} e_{i2} - \left\{ e_{i1} - \frac{R_1}{R_1 + R_2}(e_{i1} - e_o) \right\} \tag{9.6-6}$$

となり，これから，

$$e_o \approx -\frac{R_1 + R_2}{R_1} \left(\frac{R_2}{R_1 + R_2} e_{i1} - \frac{R_4}{R_3 + R_4} e_{i2} \right) \tag{9.6-7}$$

と出力電圧が求まります．なお，$R_1 = R_3$，$R_2 = R_4$ としますと，出力電圧は

$$e_o \approx -\frac{R_2}{R_1}(e_{i1} - e_{i2}) \tag{9.6-8}$$

となります．

また，この回路の入力インピーダンスは，$R_{i1} = R_1$，$R_{i2} = R_3$ となります．

９．７ コンパレータ回路（比較回路）

コンパレータ回路では，入力信号が基準電圧と比べて大きいか小さいかを判断します．回路構成は，図 9.7-1 に示しますように，差動増幅回路の負帰還部分を除いたものとなっています．図 9.7-2 に，この回路の入力および出力信号の時間変化を示します．

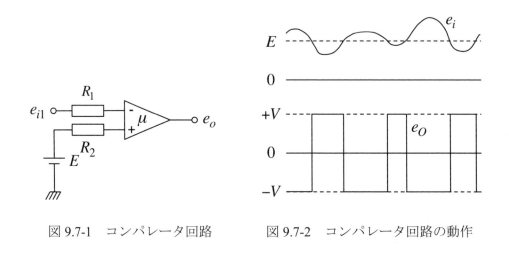

図 9.7-1 コンパレータ回路　　　図 9.7-2 コンパレータ回路の動作

この回路では，オペアンプのプラスとマイナスの入力端子に加わる電圧の差電圧 e_d は

$$e_d = E - e_i \qquad (9.7\text{-}1)$$

です．従って出力電圧は，オペアンプの開ループゲインを μ としますと，

$$e_o = \mu(E - e_i) \qquad (9.7\text{-}2)$$

となり，例えば，$e_i > E$ の場合には出力電圧は負の大きな電圧になるはずです．しかし，オペアンプの最大出力電圧はほぼ電源電圧に等しくなりますので，この場合の出力電圧は ほぼ-15 V となります．なお，コンパレータ回路に用いられるオペアンプはスルーレートの高いものが望まれます．

コンパレータ回路では，基準電圧よりも信号電圧が高いか低いかを検出しました．しかし，信号電圧が基準電圧付近で雑音などによりふらつく場合には，判定結果がバタつき都合がよくありません．このような場合，ある一定の電圧範囲では出力が反転しないように不感帯を設け，図 9.7-3 のように，出力が反転する入力電圧を異なった

値にすることがよく行われます．このような特性を**ヒステリシス**を持つと言いますが，ヒステリシスを持つ比較回路を図 9.7-4 に示します．

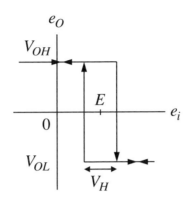

図 9.7-3　ヒステリシスを持つ比較回路の入出力関係

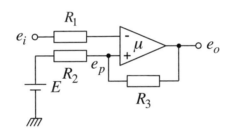

図 9.7-4　ヒステリシスを持つ比較回路

では，回路の動作を解析してみましょう．いま，出力が V_{OH} であるとします．この時，プラス側の入力端子の電位 e_{p1} は

$$e_{p1} = E - \frac{R_2}{R_2 + R_3}(E - V_{OH}) \tag{9.7-3}$$

となっています．この電位と入力信号の電位とが比較されます．一方，出力が V_{OL} の場合には，プラス側の入力端子の電位 e_{p2} は

$$e_{p2} = E - \frac{R_2}{R_2 + R_3}(E - V_{OL}) \tag{9.7-4}$$

であり，出力によって基準電位が変化します．

不感帯の幅（不感帯電圧）は出力が V_{OH} と V_{OL} の場合の基準電位（プラス側の入力

端子の電位）の差ですので，

$$V_H = \frac{R_2}{R_2 + R_3}(V_{OH} - V_{OL}) \qquad (9.7\text{-}5)$$

で与えられます．

　この回路では，出力電圧をフィードバックすることで不感帯電圧を作っていますので，スルーレートの高いオペアンプを使用します．

９．８　加算回路，減算回路

　加算回路を図 9.8-1 に示します．ただし，入力端子数を増やしたり，R_f を R_1, ..., R_n に対して大きくしたりすると，安定度が悪くなりますので注意が必要です．

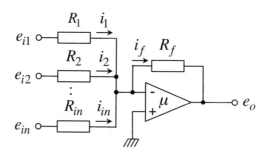

図 9.8-1　加算回路

　入力端子に e_{i1}, e_{i2}, ..., e_{in} の入力信号が与えられたとします．このとき，オペアンプのプラス端子とマイナス端子間の電位差はほとんど 0（バーチャル・ショート）となっており，プラス端子は接地されていますので，マイナス端子の電位はほぼ 0 です．また，バーチャル・ショートによりオペアンプのマイナス端子には電流が流れ込みませんから，抵抗 R_1, ..., R_n, R_f を流れる電流 i_1, ..., i_n, i_f の間には，

$$i_f = i_1 + i_2 + ... + i_n \qquad (9.8\text{-}1)$$

すなわち

$$-\frac{e_o}{R_f} = \frac{e_{i1}}{R_1} + \frac{e_{i2}}{R_2} + ... + \frac{e_{in}}{R_n} \qquad (9.8\text{-}2)$$

が成り立ちます．従って，$R_1 = R_2 = \ ... \ = R_n = R_f$ のとき，出力電圧は

150

$$e_o = -(e_{i1} + e_{i2} + \dots + e_{in}) \tag{9.8-3}$$

となります.

　また, オペアンプによる減算回路を図9.8-2に示します. 図のように, 2入力の減算回路は差動増幅器と同じものです.

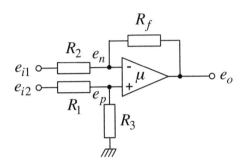

図 9.8-2　減算回路

　オペアンプのマイナス, プラス端子の入力電圧をそれぞれ, e_{i1}, e_{i2}とし, 出力電圧をe_oとします. このとき, プラス, マイナス端子の電位はそれぞれ,

$$e_p = \frac{R_3}{R_1 + R_3} e_{i2} \tag{9.8-4}$$

$$e_n = e_{i1} - \frac{R_2}{R_2 + R_f}(e_{i1} - e_o) \tag{9.8-5}$$

となります. オペアンプはプラス, マイナス端子間の電圧をμ倍 (μ：オペアンプの開ループゲイン) しますから, 出力電圧e_oは

$$e_o = \mu \left[\frac{R_3}{R_1 + R_3} e_{i2} - \left\{ e_{i1} - \frac{R_2}{R_2 + R_f}(e_{i1} - e_o) \right\} \right] \tag{9.8-6}$$

となり, これからe_oは

$$e_o = -\frac{\dfrac{R_f}{R_2 + R_f} e_{i1} - \dfrac{R_3}{R_1 + R_3} e_{i2}}{\dfrac{1}{\mu} + \dfrac{R_2}{R_2 + R_f}} \tag{9.8-7}$$

と求まり，$\mu = \infty$ としますと

$$e_o \approx -\frac{R_2 + R_f}{R_2}\left(\frac{R_f}{R_2 + R_f}e_{i1} - \frac{R_3}{R_1 + R_3}e_{i2}\right) \tag{9.8-8}$$

となります．ここで，$R_1 = R_2 = R_3 = R_f$ とすると，

$$e_o = e_{i2} - e_{i1} \tag{9.8-9}$$

となり，出力電圧 e_o は入力端子間に加えられる電圧の差 $e_{i2} - e_{i1}$ となります．

　出力電圧はバーチャル・ショートの概念を用いますとより簡単に求まりますが，これは皆さんの自習課題としましょう．

　（**問題 9-3**）バーチャル・ショートを用いて，図 9.8-2 の 2 入力の減算回路の出力電圧を求めよ．

９．９　微分回路，積分回路

　オペアンプを用いた微分回路を図 9.9-1 に示します．オペアンプで微分・積分回路を構成する利点は，入力電圧を微分あるいは積分した電圧を 1 より大きな比例係数で電圧増幅できることと，回路の出力インピーダンスが小さいことです．なお，本節で説明する回路をそのまま実用に供することはできず，実用的な回路では発振を防ぐための工夫が必要となります．

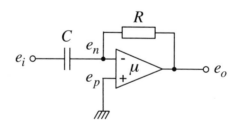

図 9.9-1　微分回路

　図において，コンデンサ C のインピーダンスと抵抗 R による帰還インピーダンスをそれぞれ Z_C，Z_f としますと，オペアンプのプラス端子が接地されていますからバーチャル・ショートの概念を用いますと，

$$e_i - \frac{Z_C}{Z_C + Z_f}(e_i - e_o) \approx 0 \qquad\qquad (9.9\text{-}1)$$

が成り立ちます．これから，出力電圧 e_o は

$$e_o \approx -\frac{Z_f}{Z_C} e_i \qquad\qquad (9.9\text{-}2)$$

となります．コンデンサ C のインピーダンスは周期 ω の交流信号に対しては $1/j\omega C$ ですから，e_o と e_i の関係を複素表示を用いて表しますと，

$$\dot{E}_o = -(j\omega CR)\dot{E}_i \qquad\qquad (9.9\text{-}3)$$

と表現され，一般的なラプラス変換表示とすると

$$\dot{E}_o(s) = -sCR\dot{E}_i(s) \qquad\qquad (9.9\text{-}4)$$

となります．すなわち，

$$e_o = -CR\frac{de_i}{dt} \qquad\qquad (9.9\text{-}5)$$

が成り立ちます．この式から，出力電圧 e_o は入力電圧 e_i を微分したものに比例した値となります．

　すでに 5.2.5 節で説明しました CR ハイパスフィルタ（CR 微分回路）と同じように，この回路はハイパスフィルタとして用いられ，C と R を変化させることでカットオフ周波数を調節できます．

　次に，図 9.9-2 に積分回路を示します．この回路は図 9.9-1 の微分回路の C と R を入れ換えたものとなっています．

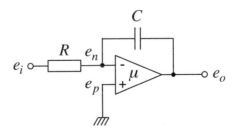

図 9.9-2　積分回路

出力電圧 e_o と入力電圧 e_i との関係は，微分回路の場合と同じようにして，

$$e_o = -\frac{1}{j\omega CR} e_i \qquad (9.9\text{-}6)$$

すなわち

$$e_o = -\frac{1}{CR} \int e_i \, dt \qquad (9.9\text{-}7)$$

となります．このように，出力電圧 e_o は入力電圧 e_i を積分したものに比例した値となります．また，この回路は 5.2.4 節で説明しました RC ローパスフィルタ（RC 積分回路）と同じように，この回路はローパスフィルタとして用いられ，C と R を変化させることでカットオフ周波数を調節できます．

９．１０　出力電力増幅回路

　オペアンプ自身の出力電力は小さいため，直接モータやランプを駆動することはできません．このような場合には，図 9.10-1 に示しますように，トランジスタを 2 個用いてオペアンプの出力電力を増幅します．この回路では，図 9.10-2 に示しますようなクロスオーバー歪を生じます．これは，トランジスタのベース，エミッタ間の順電圧 V_{BE} によるものです．これを避けるには，図 9.10-3 のように V_{BE} を等価的に無視できるようにダイオードを挿入します．なお，図でトランジスタのコレクタ，ベース間に挿入された抵抗は，ダイオードの順方向電圧降下がトランジスタのベース，エミッタ間の順電圧を超えている場合に 2 つのトランジスタがともに導通状態となり破壊されるのを防ぐためのものです．

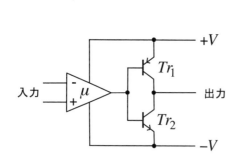

図 9.10-1　出力電力増幅回路

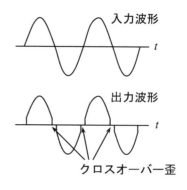

図 9.10-2　クロスオーバー歪

また，図 9.10-4 のように反転増幅回路のように出力電圧を帰還する方法もあり，この場合には，高スルーレートのオペアンプを用いれば，実用的にはクロスオーバー歪を防止する回路を考慮する必要はありません．

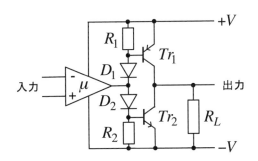

図 9.10-3　クロスオーバー歪を防止した出力電力増幅回路

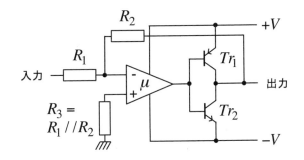

図 9.10-4　出力電圧を帰還した出力電力増幅回路

９．１１　小信号電圧増幅回路

オペアンプでは 9.4.3 節で説明しましたように，あまり高い増幅度を持つ増幅回路を設計することは望ましくありません．しかしながら，オペアンプ増幅回路を多段にし，各段のオペアンプの特性（低雑音型，低ドリフト型など）を目的に応じて適切なものを選ぶことにより，高性能の小信号電圧増幅回路を構成することができます．図 9.11-1 に反転増幅器を 2 段直列に接続した 2 段の増幅回路を示します．この回路の増幅度は

$$A_v \approx \frac{R_2}{R_1} \cdot \frac{R_5}{R_4} \tag{9.11-1}$$

155

となります.

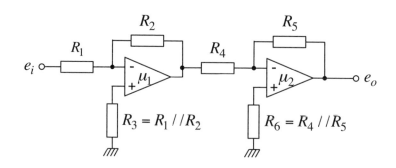

図 9.11-1　２段小信号電圧増幅回路

このような多段の増幅回路を構成する場合には,

(1)　SN 比を向上させるために, 初段のゲインを次段より大きくする,

(2)　初段のオペアンプには低雑音, 低ドリフト型のオペアンプを用いる

ことが大切です. なお, 抵抗 R_4 は２段目の反転増幅回路の入力インピーダンスとなります. さらに, 図 9.11-1 の回路にはオフセット調整回路がないため, 入力信号が0の場合でも若干の出力電圧が出る場合があります. これを避けるためにはオフセット調整回路を初段のオペアンプに追加します. オフセット調整回路については参考文献 [10] を参照して下さい.

（問題 9-4）ゲインが 600 となるオペアンプを用いた電圧増幅回路を設計し, 回路図を示せ.

９．12　電流-電圧および電圧-電流変換回路

図 9.12-1 に入力電流を電圧に変換する回路を示します. 回路の原理は, 基準抵抗に電流を流して電圧を発生させるものです. この回路は入力インピーダンスがきわめて低いので, 信号源インピーダンスに依存せず電流を正しく伝えることができます. ただし, この回路では大きな入力電流を電圧に変換することはできません. 実用上は数 mA 以内です. また, 変換できる入力電流の下限はオペアンプの入力バイアス電流で制限されます.

バーチャル・ショートによりオペアンプのマイナス側端子の電位は 0 ですから, 入力電流を i_i, 出力電圧を e_o としますと,

$$0 - i_i R = e_o \tag{9.12-1}$$

が成り立ち，これから，出力電圧は入力電流に比例することがわかります．

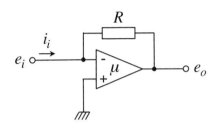

図 9.12-1　電流–電圧変換回路

　また，図 9.12-2 に負荷を定電流で駆動する場合の電圧–電流変換回路を示します．この回路は電流制御用トランジスタ Tr_1，電流検出用抵抗 R，および誤差検出増幅用のオペアンプから構成されています．

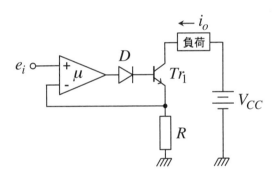

図 9.12-2　電圧–電流変換回路

　いま負荷に電流 i_o が流れているものとします．このとき，ダイオード D の順方向電圧降下とトランジスタのベース，エミッタ間の電圧降下を無視しますと，オペアンプの出力電圧 e_o は，

$$e_o = \mu(e_i - i_o R) \tag{9.12-2}$$

となり，これから負荷電流 i_o は

$$i_o = \frac{\mu e_i - e_o}{\mu R} \tag{9.12-3}$$

と求まります．ここで，オペアンプの開ループゲインμは非常に大きいので，i_oは

$$i_o \approx \frac{1}{R} e_i \tag{9.12-4}$$

と近似できます．従って，出力電流i_oは入力電圧e_iに比例することとなります．

9．13　理想ダイオード

　ダイオードを単体で用いますと順電圧降下による誤差がありますが，オペアンプと組み合わせますと入力電圧の符号により出力の切り替わる理想的なダイオードを構成できます．図9.13-1に理想ダイオード回路を示します．回路は反転増幅回路を応用したものです．理想ダイオード回路は，スイッチ，半波整流，交流－直流変換に用いられます．

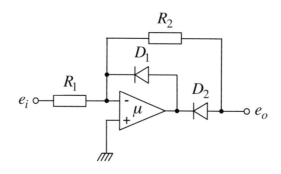

図 9.13-1　理想ダイオード回路

　$e_i > 0$の場合は，オペアンプ出力が負となりますので，ダイオードD_2が導通して負帰還ループができます．このとき，D_1はOFFですので動作には影響を与えません．従って，ゲイン$-R_2/R_1$の反転増幅回路として動作することになり，

$$e_o = -\frac{R_2}{R_1} e_i \tag{9.13-1}$$

となります．ここで，$R_1 = R_2$の場合には，電圧増幅率が1となりますので，

$$e_o = -e_i \tag{9.13-2}$$

となり，入力電圧の反転が出力されます．

　また，$e_i < 0$の場合は，オペアンプ出力は正となりD_2がOFFとなりオペアンプとe_o

とを切り離すとともに，D_1 が導通して負帰還ループができます．オペアンプのマイナス側の端子はバーチャル・ショートにより 0 ですので，

$$e_o = 0 \qquad\qquad\qquad (9.13\text{-}3)$$

となります．なお，図 9.13-1 でダイオードの向きを 2 つとも逆にしますと，$e_i < 0$ で $e_o = -e_i$，$e_i > 0$ で $e_o = 0$ の理想ダイオードとなります．

　理想ダイオード回路では，$e_i = 0$ でオペアンプの動作が切り替わる瞬間に高速の応答が要求されますので，高速向きのオペアンプを用います．

第10章　アナログーディジタル変換回路

　これまでは，値が連続的に変化する信号を処理するアナログ回路について説明してきました．本章では，まず，コンピュータではディジタル信号でデータ処理を行なっている大きな理由であるディジタル信号の特徴を，アナログ信号と対比させて説明します．そして，センサ（物理量や化学量を電気信号に変換する部品）で計測したアナログ信号をディジタル信号に変換する A/D 変換回路（A/D コンバータ（Analog-to-digital converter）ともいう）や，コンピュータで処理したディジタル値によりアクチュエータ（モータや油圧装置など外部への働き掛けを行う動きを作り出す部品）を制御する際に用いられる，ディジタル信号をアナログ信号に変換する D/A 変換回路（D/A コンバータ（Digital-to-analog converter））について，それらの基本回路を学びます．

10．1　アナログとディジタル

　一昔前の腕時計は文字盤の上を針が回転する形のものでした．ところが，最近の腕時計のかなりの割合は，時刻を文字で表示するタイプとなっています．そして，この種の時計はディジタル時計と呼ばれ，文字盤の上を針が回転する古いタイプの時計はアナログ時計と呼ばれています．この名称は時計が示す時刻の表示方法によって区別されているようです．確かに，昔の腕時計はゼンマイに蓄えられた機械エネルギーを，歯車を用いて徐々に針の回転エネルギーとして取り出すことによって時間を刻んでいました．しかしながら，現在の腕時計では計時処理はディジタル IC によって行われ，時刻の表示は針によって示すか，数字によって示すかが異なっており，その差異によってアナログ時計と呼ばれたりディジタル時計と呼ばれたりしています．

　これまで扱ってきました**アナログ信号**の時間変化の例を図示しますと，図 10.1-1 のようになります．アナログ信号では，値そのものが情報として意味を持っています．すなわち，5.0 と 5.1 は別の値として区別されて扱われます．ところが，信号を電子的に処理する場合には，様々な要因で雑音が混入してきますので，実際のアナログ信号では信号そのものの値と雑音の値（雑音成分）との和となっています．これを図示すると，図 10.1-2 のようになります．雑音成分は信号の増幅などの処理をする上では余分な成分ですので除去したいのですが，そもそも何が雑音かが分からないと適切に除去できませんし，また，第5章のフィルタ回路で学びましたように，雑音とする周波数帯の信号の除去は減衰率を大きくすることで実質的に影響が無いようにすることで行なっていますので，完全に除去するのは困難です．

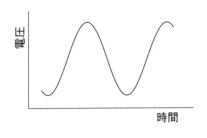

図 10.1-1　アナログ信号

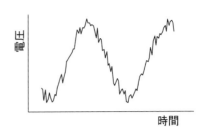

図 10.1-2　雑音を含むアナログ信号

（**問題 10-1**）アナログ信号において雑音を除去する回路を調べよ．また，雑音が除去できるためにはどんな前提が必要であるかを考察せよ．

　一方，**ディジタル信号**では，ある範囲の値をまとめて扱うことにより，対雑音性や信号の復元性を向上させています．現在のディジタル回路では，端子の電圧が正の場合には「H」（High レベル），ゼロの場合には「L」（Low レベル）の 2 つの値のみを扱っています．もちろん，雑音が含まれる信号の弁別性を良くするために，「L」と「H」とを区別する閾値があり，また，どちらであるかを製品のカタログ上は保証しない中間領域があります（実際には，中間領域では「L」か「H」のどちらかとして扱われますが，ディジタル IC の個体差のために保証はされていません）．このような扱いによって，信号に少々雑音が重畳されても，「L」の状態であるか「H」の状態であるかの識別ができ，また，波形（信号の時間的変化の形）を整えることにより，信号の波形をほぼ復元できます．

（**問題 10-2**）10.1 節の最後において，ディジタル信号では「信号の波形をほぼ復元できます」と説明されているが，「ほぼ」となっている理由を考察せよ．また，実際のディジタル回路ではこの問題が表面化しない工夫がされているが，その工夫を考察せよ．

１０．２　１０進数と２進数

　前節で説明しましたように，ディジタル回路では信号を 2 値化して取り扱っています．2 値化された信号（ディジタル信号）は，通常 2 進数で表現されます．私たちが普段良く使用しているのは 10 進数で，例えばある整数 N は 10 進数では次のように 10 のべき乗の和として表現できます．

$$N = \sum_{i=0}^{p-1} d_i \cdot 10^i \tag{10.2-1}$$

ここで，d_iは0〜9の整数です．同様に，2進数においては，ある整数Nは2のべき乗の和として，

$$N = \sum_{i=0}^{q-1} b_i \cdot 2^i \tag{10.2-2}$$

と表現できます．ここで，b_iは0か1です．すなわち，$b_i = \{0, 1\}$です．

　それでは具体的な数値を10進数と2進数でそれぞれ表現してみましょう．例えば，10進数の27は，

$$
\begin{aligned}
(27)_{10} &= & 2 \cdot 10^1 + 7 \cdot 10^0 \\
&= & 1 \cdot 2^4 + 1 \cdot 2^3 + 0 \cdot 2^2 + 1 \cdot 2^1 + 1 \cdot 2^0 \\
& & = (11011)_2
\end{aligned}
\tag{10.2-3}
$$

となります．2進数においては$(11011)_2$のように各桁が0または1（「L」または「H」であるかの判定）で表現され，各桁に対応する信号の情報が「L」の状態であるか「H」の状態であるか識別するように読めることに着目してください．

（**問題 10-3**）10進数の$(51)_{10}$を2進数に変換した後，2進数の$(110011)_2$を10進数に変換してみよ．ただしそれぞれ変換過程を示すこと．10進数の$(43)_{10}$についても2進数に変換してみよ．

１０．３　ディジタル－アナログ変換回路

　本節では，ディジタル信号をアナログ信号に変換するディジタル－アナログ変換回路（D/A変換回路）を説明します．

　I桁の2進数nの各桁に対応するディジタル入力信号をb_i $(i = 0, \ldots, I-1)$とします．この時，2進数nは，

$$n = \sum_{i=0}^{I-1} b_i \cdot 2^i \tag{10.3-1}$$

と表現されます．また，I桁の2進数で表現できるディジタル値の最大値$(11 \cdots 1)_2$に$(1)_2$を加えた$1 \cdot 2^I$の時に，アナログ出力電圧V_{out}は基準電圧V_{ref}となるとします．すなわち，ディジタル値$1 \cdot 2^I$をアナログ出力電圧V_{ref}に対応させます（$V_{\text{ref}} = 1 \cdot 2^I$）．この場合，ディジタル値$(1)_2$はアナログ出力電圧$V_{\text{ref}} \cdot 2^{-I}$に対応します（$1 = V_{\text{ref}} \cdot 2^{-I}$）．また，2進数$n$の$k$桁（$b_{k-1}$のみが1の時）はアナログ出力電圧$2^{k-1} \cdot (V_{\text{ref}} \cdot 2^{-I}) = V_{\text{ref}} \cdot 2^{-(I-k+1)}$に対応します．従って，D/A変換回路のアナログ出力電圧V_{out}は，2進数nの

各桁に対応するディジタル入力信号b_i　$(i = 0, ..., I - 1)$，基準電圧V_refを用いて，

$$V_\text{out} = V_\text{ref}\left(b_{I-1} \cdot 2^{-1} + b_{I-2} \cdot 2^{-2} + \cdots + b_{i-1} \cdot 2^{-(I-i)} + \cdots + b_0 \cdot 2^{-I}\right)$$
$$= 2^{-1} \cdot V_\text{ref} \cdot b_{I-1} + 2^{-2} \cdot V_\text{ref} \cdot b_{I-2} + \cdots + 2^{-(I-i)} \cdot V_\text{ref} \cdot b_{i-1} + \cdots$$
$$+ 2^{-I} \cdot V_\text{ref} \cdot b_0$$

$$(10.3\text{-}2)$$

と表現できます．すなわち，ディジタル入力信号b_iに応じて，2進数の各桁$(i + 1$桁$)$に対応したアナログ出力電圧$2^{-(I-i)} \cdot V_\text{ref}$で重み付けした電圧を加算することで，ディジタル入力信号をアナログ出力電圧に変換できます．

　図10.3-1 (a)は代表的な**はしご型ディジタル－アナログ変換回路**です．この回路はRと$2R$の抵抗で構成されています．スイッチS_iが2進数の各桁$(i + 1$桁$)$を表し，$b_i = 1$のときに基準電圧V_refに接続され，$b_i = 0$のときに接地される（アースに接続される）としますと，スイッチの状態でディジタル入力信号を表現できることがわかります．

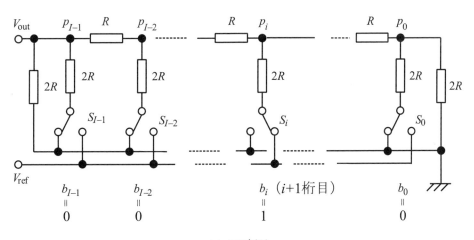

(a) 回路図

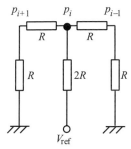

(b) 接点p_iでの等価回路

図 10.3-1　はしご型ディジタル－アナログ変換回路

163

はしご型 D/A 変換回路の出力電圧V_{out}を導きます．いま$i+1$桁目だけが 1 とします．すなわち，b_iのみが 1，それ以外はすべて 0 であるとします．この場合において，まず，図 10.3-1 (a)のp_iの左側の回路の抵抗を考えます．左端のp_{I-1}は，$2R$の抵抗でグランドにつながり，また，$2R$の抵抗とスイッチS_{I-1}を通ってグランドにつながっていますので，これらの合成抵抗はRとなります．すると，p_{I-2}から左側と下側の回路の合成抵抗はRとなります．同様に順々に考えると，p_{i+1}から左側と下側の回路の合成抵抗はRとなります．今度は右側から考えますと，p_{i-1}から右側と下側の回路の合成抵抗はRとなります．この結果，回路図は図 10.3.1 (b)となります．これから，p_iとp_{i+1}の電圧V_iとV_{i+1}は，それぞれ，

$$V_i = \frac{1}{3}V_{\text{ref}}$$

(10.3-3)

$$V_{i+1} = \frac{1}{2}V_i = \frac{1}{2}\left(\frac{1}{3}V_{\text{ref}}\right)$$

(10.3-4)

となります．出力電圧V_{out}はp_{I-1}での電圧V_{I-1}ですから，

$$V_{\text{out}} = V_{I-1} = \left(\frac{1}{2}\right)^{I-1-i} \cdot V_i = \left(\frac{1}{2}\right)^{I-1-i} \cdot \left(\frac{1}{3}V_{\text{ref}}\right) = \frac{V_{\text{ref}}}{3 \cdot 2^{I-1}} \cdot 2^i$$

(10.3-5)

となります．

I桁のディジタル入力信号の各桁がb_i（$i = 0, \ldots, I-1$）の場合には，線形回路網の重ね合わせの理を用いて，出力電圧V_{out}は

$$V_{\text{out}} = \frac{V_{\text{ref}}}{3 \cdot 2^{I-1}} \cdot \left(b_{I-1} \cdot 2^{I-1} + b_{I-2} \cdot 2^{I-2} + \cdots + b_0 \cdot 2^0\right)$$

(10.3-6)

となり，b_iで表されるディジタル値（ディジタル入力信号）をアナログ値（アナログ出力電圧）に変換できます．

なお，はしご型ディジタル－アナログ変換回路では 2 種類の抵抗（Rと$2R$）があればよいので，IC 化に適しています．また，ディジタル－アナログ変換回路ではこの方式の他に，電流を用いる電流加算型ディジタル－アナログ変換回路等があります．

（**問題 10-4**）4 ビットのはしご型 D/A 変換回路の回路図を示し，$(0010)_2$のディジタル入力信号が，$\dfrac{1}{3} \cdot 2^{-3} \cdot 2 \cdot V_{\text{ref}}$ のアナログ出力電圧に変換されることを確認せよ．

10．4　アナログ－ディジタル変換回路

アナログ－ディジタル変換回路（A/D 変換回路）はアナログ信号をディジタル信号へ変換する回路であり，各種変換方式があります．本節では，D/A 変換回路を用いる**直接比較方式**による A/D 変換と，**間接比較方式**による A/D 変換について述べます．

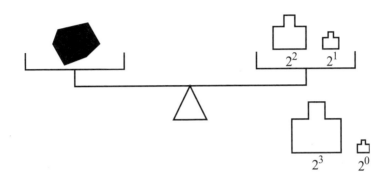

(a) 逐次比較によるアナログデータのディジタルデータへの変換原理

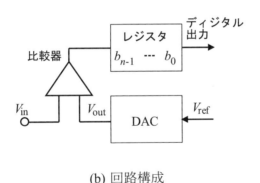

(b) 回路構成

図 10.4-1　逐次比較形アナログ－ディジタル変換回路

10.4.1 直接比較方式

図 10.4-1 (a)は**逐次比較型アナログ－ディジタル変換回路**の原理です．図に示すように，天秤を用いて未知の重さの物体の重さをディジタル化することを考えます．最小単位の 2 のべき乗倍からなる基準のおもり（分銅）があるとします．天秤の左側に未知の重さの物体を載せ，右側に最も大きな（重い）分銅（最小の重さの2^{n-1}倍の分銅）を載せ，逐次比較していくことで重さをディジタル化します．まず，最大となる2^{n-1}倍の分銅を載せると，天秤が左側に傾いたとします．すなわち，未知の物体の重さの方が重かったとします．この場合，その分銅は以降の重さの比較に必要ですので，必要なものとして 1 をセットします．次にその 1/2 倍（最小の2^{n-2}倍）の分銅を載せ，

順次比較します．この時，もし天秤が右側に傾いた場合は分銅の重さの和の方が重いことを示していますので，この分銅は取り除いて 0 をセットし，さらにその 1/2 倍の分銅を載せます．左側に傾けば 1 をセット，右側に傾けば 0 をセットして取り除き，同様に調べていくことで，未知の重さを天秤の右側に置かれた分銅の種類と数によって表現することができます．分銅は 2 のべき乗倍で用意していましたので，どの分銅が残っているかを確認することで，物体の重さをディジタル値で表現できることがわかります．

この原理を参考に，基準となる電圧を D/A 変換回路で，比較のための回路を第 9 章のコンパレータで実現したものが図 10.4-1 (b) です．レジスタは{1, 0}を記録しておくための回路です．まず，最も大きな基準値 2^{n-1} をレジスタにセットし，それに対応したアナログ電圧 V_{out} を D/A 変換回路で作成します．そしてその値を入力電圧 V_{in} と比較し，もし入力電圧の方が大きいなら，次の大きさの基準値もレジスタにセットし，それに対応したアナログ電圧 V_{out} と入力電圧とを比較します．もし，入力電圧の方が小さければ，この追加でセットした基準値のみリセット（=0）し，その次の値をセットして同様に比較します．これにより最終的にレジスタにセットされた値が入力電圧をディジタル値に変換したものになります．

この方式では，逐次比較を行うために比較回数だけ変換時間がかかります．そのため，コンパレータを複数用意して一度に変換を可能とする並列比較型 A/D 変換回路や，追従比較型 A/D 変換回路等もあります．

10.4.2 間接比較方式

図 10.4-2 は間接比較方式として積分回路を用いた**二重積分型アナログ－ディジタル変換回路**です．ある時刻でスイッチが入力電圧側に切り替えられ，入力電圧が時定数 CR の積分回路で積分されていくとします．このとき積分回路の出力は，第 5 章より以下のように近似的に表現することができます．

$$V_{\text{out}}(t) = -V_{\text{in}} \cdot \frac{1}{CR} t$$

$$(10.4\text{-}1)$$

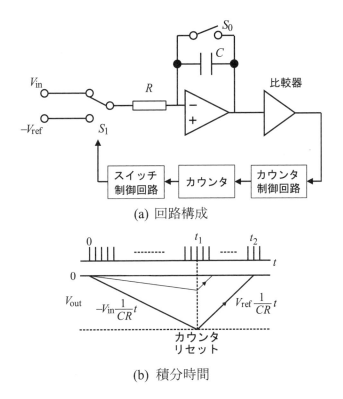

(a) 回路構成

(b) 積分時間

図 10.4.2　二重積分型アナログ－ディジタル変換回路

　　ここで，ある一定の時間t_1の間，積分することを考えましょう．図中のカウンタ回路は次章で学びますが，一定間隔のパルスを発生させ，その数を２進数でカウントするものです．ここでは2^N個のパルスをカウントし，設定値に達した際にカウンタをリセットし，スイッチS_1を切り替えられるものとします．スイッチが切り替わりますと出力電圧が逆に加算されていきます．このとき，極性が変化した時間をt_2とします．傾きは一定（近似的に）ですので，図より次式が成り立ちます．

$$V_{in} \cdot \frac{1}{CR} \cdot t_1 = V_{ref} \cdot \frac{1}{CR} \cdot (t_2 - t_1) \tag{10.4-2}$$

これから，

$$\frac{t_2 - t_1}{t_1} = \frac{V_{in}}{V_{ref}} \tag{10.4-3}$$

となります．極性が変化するまでのカウンタ回路のカウンタ数をnとしますと，カウント数は積分している時間に比例していますので，

167

$$\frac{n}{2^N} = \frac{V_\text{in}}{V_\text{ref}}$$

(10.4-4)

すなわち,

$$n = \frac{V_\text{in}}{V_\text{ref}} 2^N$$

(10.4-5)

となります．このことから，2進数で表されるカウント数によって変換後のディジタル値を表現することができます．

第11章　基本ディジタル回路

　これまでは，主に値が連続的に変化する信号を処理するアナログ回路について説明してきました．また，前章では，アナログ信号とディジタル信号を互いに変換するAD変換回路とDA変換回路の基本を学びました．本章では，信号の値を離散的に扱うディジタル回路を扱います．複雑なディジタル回路の設計においては，ブール代数を本格的に学ぶ必要がありますが，ここでは，積や和程度の基本的なブール代数を用いる範囲での基本ディジタル回路を学びます．

11．1　基本ロジック回路

11.1.1　ロジック回路用基本IC

　前節で説明しましたように，ディジタル回路では信号を2値化して取り扱っています．このことから，信号を論理的に処理することが可能となっています．

　基本的な論理操作には，AND，OR，NOTがあることはご存知ですね．集合で言えば，共通集合，和集合，補集合でしょうか．また，排他的論理和である排他的ORもありますね．これらの基本的論理操作に対応して，ディジタルICとして，AND回路，OR回路，NOT回路，Exclusive OR回路が用意されています．なお，NOT回路は信号の論理レベルを反転させることから，**インバータ**とも呼ばれています．これらの回路では，入力されるいくつかの信号を論理的に処理して出力を得ることから，ロジック回路と呼ばれています．

　ロジック回路において，入力と出力の対応は表の形で表現することができます．この表は**真理値表**と呼ばれます．例えば，2入力のAND回路の真理値表は，入力が共に「1」（論理的な意味での1）の時のみ出力が「1」となりますから，表11.1-1のようになります．

表 11.1-1　2入力 AND 回路の真理値表

入力		出力
A	B	X
0	0	0
0	1	0
1	0	0
1	1	1

（**問題 11-1**）2 入力の OR 回路の真理値表を示せ.

また，2 入力の Exclusive OR 回路では，OR 回路とほぼ同じ動作をしますが，共に同じ入力の場合には出力が「0」（論理的な意味での 0）となりますから，真理値表は，表 11.1-2 のようになります.

表 11.1-2 2 入力 Exclusive OR 回路の真理値表

入力		出力
A	*B*	*X*
0	0	0
0	1	1
1	0	1
1	1	0

上で取り上げた 4 つのロジック回路の電子回路記号を図 11.1-1 に示します.

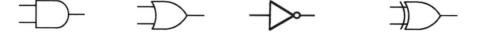

(a) AND 回路　　　(b) OR 回路　　　(c) NOT 回路　　　(d) Exclusive OR 回路
図 11.1-1　AND 回路，OR 回路，NOT 回路，Exclusive OR 回路の電子回路記号

実際のディジタル電子回路では，NAND 回路や NOR 回路と呼ばれるロジック回路用 IC もよく用いられます. NAND 回路と NOR 回路の電子回路記号と 2 入力の場合のそれぞれの回路の真理値表を，図 11-1-2 に示します.

入力		出力
A	*B*	*X*
0	0	1
0	1	1
1	0	1
1	1	0

入力		出力
A	*B*	*X*
0	0	1
0	1	0
1	0	0
1	1	0

(a) NAND 回路　　　　　　　(b) NOR 回路

図 11.1-2　NAND 回路と NOR 回路の電子回路記号と真理値表

　ロジック回路用ディジタル IC（ロジック IC）では，IC パッケージでのピンを有効利用する観点から，例えば図 11.1-3 のように，1 つの IC の中に複数の同じロジック回路が実装されています．

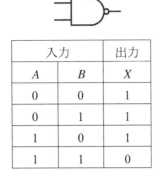

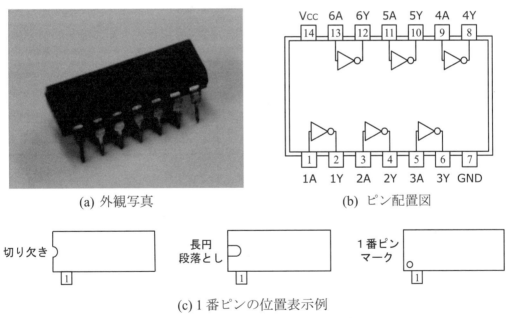

(a) 外観写真　　　　　　　　　　(b) ピン配置図

(c) 1 番ピンの位置表示例

図 11.1-3　ロジック IC 例（74LS04）

11.1.2　ブール代数を用いたゲート回路の設計

　「0」と「1」の 2 つの状態しか存在しない世界に対する数学体系は，その研究者の名から，ブール代数とも呼ばれています．ブール代数の主な公理や定理は以下のよう

になります.

公理

$$\overline{1} = 0 \qquad (\lceil 1 \rfloor \text{でないは} \lceil 0 \rfloor) \qquad (11.1\text{-}1)$$

$$\overline{0} = 1 \qquad (\lceil 0 \rfloor \text{でないは} \lceil 1 \rfloor) \qquad (11.1\text{-}2)$$

$$A \cdot 0 = 0 \qquad (\lceil 0 \rfloor \text{を掛けると} \lceil 0 \rfloor \text{になる}) \qquad (11.1\text{-}3)$$

$$A + 1 = 1 \qquad (\lceil 1 \rfloor \text{を足すと} \lceil 1 \rfloor \text{になる}) \qquad (11.1\text{-}4)$$

単位元則

$$A \cdot 1 = A \qquad (\lceil 1 \rfloor \text{を掛けても値は変わらない}) \qquad (11.1\text{-}5)$$

$$A + 0 = A \qquad (\lceil 0 \rfloor \text{を足しても値は変わらない}) \qquad (11.1\text{-}6)$$

補元則

$$A \cdot \overline{A} = 0 \qquad (\text{集合的には A とその補集合には共通部分なし})$$

$$(11.1\text{-}7)$$

$$A + \overline{A} = 1 \qquad (\text{集合的には A とその補集合の和は全体}) \qquad (11.1\text{-}8)$$

対合則

$$\overline{\overline{A}} = A \qquad (\text{コインでは裏の裏は表}) \qquad (11.1\text{-}9)$$

べき等則

$$A \cdot \ldots \cdot A = A \qquad (\text{何回掛けても同じ}) \qquad (11.1\text{-}10)$$

$$A + \ldots + A = A \qquad (\text{何回足しても同じ}) \qquad (11.1\text{-}11)$$

交換則：積あるいは和の順序は変更できる，実数の交換則と同じ

$$A \cdot B = B \cdot A \qquad (11.1\text{-}12)$$

$$A + B = B + A \qquad (11.1\text{-}13)$$

結合則：積あるいは和のグループ化は自在，実数の結合則と同じ

$$(A \cdot B) \cdot C = A \cdot (B \cdot C) \qquad (11.1\text{-}14)$$

$$(A + B) + C = A + (B + C) \qquad (11.1\text{-}15)$$

分配則

$$A \cdot (B + C) = A \cdot B + A \cdot C \qquad (\text{実数の分配則と同じ}) \qquad (11.1\text{-}16)$$

$$A + B \cdot C = (A + B) \cdot (A + C) \qquad (11.1\text{-}17)$$

ド・モルガンの定理

$$\overline{A \cdot B} = \overline{A} + \overline{B} \qquad (\text{集合の } \overline{A \cap B} = \overline{A} \cup \overline{B} \text{ に対応}) \qquad (11.1\text{-}18)$$

$$\overline{A + B} = \overline{A} \cdot \overline{B} \qquad (\text{集合の } \overline{A \cup B} = \overline{A} \cap \overline{B} \text{ に対応}) \qquad (11.1\text{-}19)$$

　ブール代数の上記の定理は真理値表を用いることで証明できます．その例として，単位元則，べき等則に関する真理値表を表 11.1-3，交換則に関する真理値表を表 11.1-4 に示します．

表 11.1-3　単位元則とべき等則に関する真理値表

(a) 単位元則

A	$A \cdot 1$
1	1
0	0

A	$A + 0$
1	1
0	0

(b) べき等則

A	$A \cdot A$	$A \cdot A \cdot A$
1	1	1
0	0	0

A	$A + A$	$A + A + A$
1	1	1
0	0	0

表 11.1-4　交換則に関する真理値表

A	B	$A \cdot B$	$B \cdot A$
0	0	0	0
0	1	0	0
1	0	0	0
1	1	1	1

A	B	$A + B$	$B + A$
0	0	0	0
0	1	1	1
1	0	1	1
1	1	1	1

（**例題 11-1**）ド・モルガンの定理を，真理値表を用いて証明してみましょう．ド・モルガンの定理に対する真理値表は表 11.1-5 のようになります．この真理値表から，ド・モルガンの法則が成り立つことがわかります．

表 11.1-5　ド・モルガンの定理に関する真理値表

A	B	$A \cdot B$	$\overline{A \cdot B}$
0	0	0	1
0	1	0	1
1	0	0	1
1	1	1	0

$\overline{A}$	$\overline{B}$	$\overline{A} + \overline{B}$
1	1	1
1	0	1
0	1	1
0	0	0

A	B	$A + B$	$\overline{A + B}$
0	0	0	1
0	1	1	0
1	0	1	0
1	1	1	0

$\overline{A}$	$\overline{B}$	$\overline{A} \cdot \overline{B}$
1	1	1
1	0	0
0	1	0
0	0	0

(**問題 11-2**) ブール代数の分配則を，真理値表を用いて証明せよ．

　与えられた論理式を満たすロジック回路を設計する場合に，ブール代数の法則を用いると少ないロジック IC により実装できる場合があります．4 入力程度までの論理式の簡単化はカルノー図を用いて図的に行われていますが，少し説明が長くなりますので，本書では触れません．カルノー図を用いた論理式の簡単化についてはディジタル回路の専門書を参照下さい．ここでは，ブール代数の公式を用いた簡単化を扱います．

(**例題 11-2**) 以下の論理式により出力が与えられるロジック回路の回路図を書いてみましょう．

$$A + \overline{A} \cdot B \tag{11.1-20}$$

式(11.1-20)で与えられる論理式をまともにロジック回路に置き換えますと，図 11.1-4 の回路となりますが，もっと簡単な回路でも実現できます．

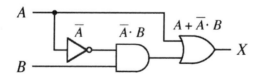

図 11.1-4　$A + \overline{A} \cdot B$ を出力とするロジック回路 1

式(11.1-20)をブール代数の公式を用いて変形しますと，

$$A + \overline{A} \cdot B = (A + \overline{A}) \cdot (A + B) \quad （分配則 A + B \cdot C = (A + B) \cdot (A + C)を適用）$$
$$= 1 \cdot (A + B) \quad （補元則を適用）$$
$$= (A + B) \cdot 1 \quad （交換則を適用）$$
$$= A + B \quad （単位元則を適用） \quad (11.1\text{-}21)$$

となります．また，式(11.1-20)の論理式に対する真理値表を作成すると，表 11.1-6 と
なります．

表 11.1-6　　$A + \overline{A} \cdot B$に関する真理値表

A	B	$\overline{A}$	$\overline{A} \cdot B$	$A + \overline{A} \cdot B$	$A + B$
0	0	1	0	0	0
0	1	1	1	1	1
1	0	0	0	1	1
1	1	0	0	1	1

これらから，$A + \overline{A} \cdot B$を出力するロジック回路は，結局は $A + B$を出力するロジック回
路と論理的には同じであることがわかります．従って，回路図は図 11.1-5 となります．

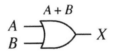

図 11.1-5　$A + \overline{A} \cdot B$を出力とするロジック回路 2

（**問題 11-3**）　$\overline{A} + A \cdot B$を出力するロジック回路の回路図を示せ．

11.1.3 NAND 回路のみによるロジック回路の構成

　NAND 回路あるいは NOR 回路だけを用いることにより，AND 回路，OR 回路，NOT
回路，Exclusive OR 回路を作ることができます．その例をいくつか図 11.1-6 に示しま
す．すでに述べましたように，ロジック回路用ディジタル IC（ロジック IC）では，
IC パッケージでのピンを有効利用する観点から，1 つの IC の中に複数の同じロジッ
ク回路が実装されています．従って，NAND 回路や NOR 回路を基本としておき，余
った回路をその他の回路に転用することにより，使用するロジック IC の個数を減ら
すことができます．

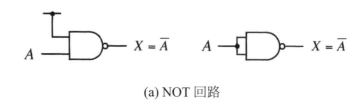

(a) NOT 回路

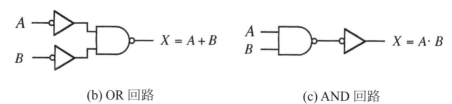

(b) OR 回路　　　　　　　　　(c) AND 回路

図 11.1-6　NAND 回路を用いて構成した NOT 回路，OR 回路，AND 回路

（**例題 11-3**）$A + \overline{B}$ を出力するロジック回路を NAND IC のみで設計してみましょう.
与えられた論理式をド・モルガンの定理を適用して変形しますと,

$$A + \overline{B} = \overline{\overline{A} \cdot B}$$

(11.1-22)

となりますので，$\overline{A}$ と B の NAND をとれば良いことがわかります. 後は，$\overline{A}$ を NAND により構成すれば良いので，結局，例えば，図 11.1-7 のロジック回路となります.

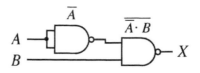

図 11.1-7　$A + \overline{B}$ を出力とする NAND IC のみで構成されたロジック回路

（**問題 11-4**）以下の論理式を出力するロジック回路を NAND IC のみで設計せよ.

(1)　$A + B$

(2)　$A \cdot B$

(3)　$A \cdot B + C \cdot D$

11．2　ロジック IC の基本特性

11.2.1　ロジック IC のファミリ

ロジック IC には，内部回路の構成，集積度，動作速度，消費電力などにより，様々

な種類がありますが，ロジック回路を設計し易くするために，電気的な仕様を統一して**ファミリ**（シリーズ）を構成しています．表 11.2-1 に，ロジック IC の主なファミリを示します．

表 11.2-1　ロジック IC の主なファミリ

内部回路構成		ファミリ	IC 番号	備考
バイポーラ	TTL	標準	74	
		LS	74LS	低消費電力タイプ
		ALS	74ALS	一層の低消費電力タイプ
		S	74S	高速タイプ
	ECL	10K	10K	
		10KH	10H	
ユニポーラ	CMOS	標準	4000/4500	
		Hspeed	74HC/74HCT	高速タイプ
		FACT	74AC/74ACT	低消費電力タイプ

　これらファミリのうち最初に開発されたのは，TTL（Transistor Transistor Logic）の標準シリーズで，「74 シリーズ」と呼ばれています．74 シリーズでは，様々な論理処理を行う IC が用意されています．しかも，「74」の後に続く番号は，74 シリーズに引き続いて開発された低消費電力タイプの 74LS シリーズなども含めて，論理処理によって統一的につけられています．このことから，ロジック IC では，シリーズにより電気的特性を，IC 番号により論理処理を知ることができます．

　一方，半導体に CMOS（Complementary Metal Oxide Semiconductor）を用いたものも開発されており，動作電源範囲の広さ（4000/4500 シリーズでは 3〜18V）や TTL に比べて低消費電力であることが特長です．

　半導体技術の発達に伴い，ロジック IC にもより高機能，高速，低消費電力が求められてきており，TTL に比べて高速動作が可能な ECL（Emitter Coupled Logic）を用いた 10K シリーズや 10H シリーズが開発され，高速動作を必要とするロジック回路の用途に向けて，各種の論理処理を行う IC が用意されています．また，近年では，更なる低消費電力化のために電源電圧を 3.3V とした CMOS タイプの 74LCX シリーズや，バイポーラトランジスタとユニポーラトランジスタの両方の利点を活用するために，これらを混在させた BiCMOS（Bipolar CMOS）のロジック IC も提供されています．

（**問題 11-5**）ロジック IC のファミリについて調べよ.

11.2.2 「H」と「L」のレベル

複数のロジック IC を用いて複雑な論理処理を行う場合には，それぞれのシリーズによって電気的特性が異なっていますので，いくつかの注意事項を考慮してロジック回路を設計する必要があります．主な注意事項には，

(1) バイパスコンデンサの接続，

(2) H と L のレベル，

(3) ファンイン，ファンアウト

があります．バイパスコンデンサについては第 2 章で説明しましたね．ここでは，「H」と「L」のレベルについて説明します.

TTL IC と CMOS IC では，「H」や「L」と認識される入力電圧レベルや保証される出力電圧レベルが異なっています．図 11.2-1 と 11.2-2 には，それぞれの認識入力電圧レベルと保証出力電圧レベルを示しています.

TTL IC では，図 11.3-1 の右側に示しますように，入力電圧が 2.0V 以上では「H」と，0.8V 以下では「L」と認識されるように設計されています．そして，0.8V〜2.0Vの電圧は，「H」と「L」のどちらに認識されるかは保証されてはいません．従って，「H」と認識させるためには TTL IC の入力端子に加える電圧を 2.0V 以上に，「L」と認識させるためには 0.8V 以下にする必要があります.

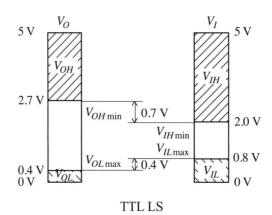

TTL LS

図 11.2-1　TTL IC の認識入力電圧と保証出力電圧

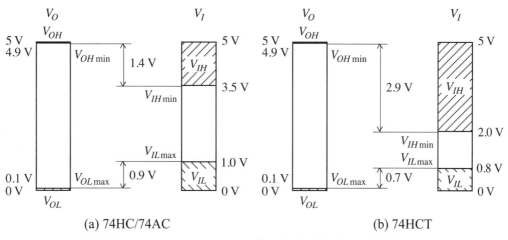

(a) 74HC/74AC　　　　　　　　(b) 74HCT

図 11.2-2　CMOS IC の認識入力電圧と保証出力電圧

一方，推奨される使用方法に従っている場合には，TTL IC の出力電圧は，「H」の場合には 2.7V 以上，「L」の場合には 0.4V 以下が保証されています．図からわかりますように，TTL IC では「H」に対しては 2.7-2.0=0.7V，「L」に対しては 0.8-0.4=0.4V の**ノイズマージン**（雑音余裕）があることになります．

一方，CMOS IC では，シリーズによって多少異なりますが，図 11.2-2 に示しますように，

(1) 74HC/74AC シリーズ：

　　　「H」認識入力電圧　3.5V 以上，　　「H」保証出力電圧　4.9V 以上

　　　「L」認識入力電圧　1.0V 以下，　　「L」保証出力電圧　0.1V 以下

(2) 74HCT シリーズ：

　　　「H」認識入力電圧　2.0V 以上，　　「H」保証出力電圧　4.9V 以上

　　　「L」認識入力電圧　0.8V 以下，　　「L」保証出力電圧　0.1V 以下

となっており，TTL IC に比べるとノイズマージンは大きくなっています．

このように，シリーズによって認識入力電圧と保証出力電圧が異なっていますので，シリーズを混在させてロジック回路を構成する場合には，電圧レベルの面と次節で説明するファンイン，ファンアウトの面（電流レベルの面）の両方での注意が必要となります．これらの注意事項を考慮した TTL IC と CMOS IC との接続方法については，11.2.5 節で説明します．

（**問題 11-6**）CMOS IC のノイズマージンを 74HC/74AC シリーズと 74HCT シリーズ

179

の両者について計算し，TTL IC のノイズマージンと比較せよ．

11.2.3　ファンイン，ファンアウト

　ディジタル回路においては，通常，あるディジタル IC の出力が別のディジタル IC の入力に接続されます．この場合，それぞれのディジタル IC の電気的特性の関係によって，入力にいくつの出力を接続できるか，また，出力にいくつの入力を接続できるかが決まります．図 11.2-3 のように，ディジタル IC の 1 つの入力ピンに接続できる入力線数は**ファンイン**，出力ピンに接続できる出力（負荷）線数は**ファンアウト**と呼ばれています．

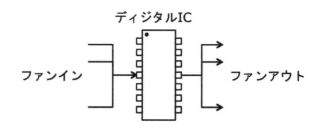

図 11.2-3　ファンインとファンアウト

　TTL IC の場合，出力が「H」の場合には出力ピンから電流が流れ出し，出力が「L」の場合には電流が出力ピンへ流れ込みます．入力ピンに対しては，「H」では電流が流れ込み，「L」では電流が流れ出します．TTL IC の場合には厳密にはファンアウトは「H」出力と「L」出力の場合で異なった値となりますが，実際上は「H」出力と「L」出力の場合を総合して決められています．標準タイプの TTL IC である 74 シリーズではファンアウトは 10 となっており，出力ピンには 10 個までの標準タイプの TTL IC を接続できます．表 11.2-2 に TTL IC の入出力電流特性と総合的なファンアウトを示します．表では電流が流れ出す場合には電流値を負の値で表しています．

表 11.2-2　TTL IC の入出力電流特性

シリーズ	出力電流（許容値）		入力電流（最大値）		ファンアウト
	I_{OH}[mA]	I_{OL}[mA]	I_{IH}[μA]	I_{IL}[mA]	
74	-0.4	16	40	-1.6	10
74LS	-0.4	8	20	-0.4	20
74ALS	-0.4	8	20	-0.1	20
74F	-1	20	20	-0.6	33

　例えば，74 シリーズと 74F シリーズに対して，表 11.2-2 に基づいて，出力が「H」と「L」のそれぞれの場合でファンアウトを計算してみますと，以下のようになります．

(1) 74 シリーズ：

　　出力 H　　$I_{OH}/I_{IH} = 400/40 = 10$

　　出力 L　　$I_{OL}/I_{IL} = 16/1.6 = 10$

(2) 74F シリーズ：

　　出力 H　　$I_{OH}/I_{IH} = 100/20 = 50$

　　出力 L　　$I_{OL}/I_{IL} = 20/0.6 = 33$

この計算からわかりますように，74F シリーズでは，出力が「H」と「L」の場合の小さい方の 33 をファンアウトとしています．

　一方，　CMOS IC の場合には，表 11.2-3 に示しますように，入力電流は入力電圧が「H」であっても「L」であっても 1[μA]と，TTL IC に比べて小さな値となっています．従って，CMOS IC 同士を接続する場合にはファンアウトは大きな値となりますので，実用上はファンアウトを気にせずにロジック回路を設計できます．

表 11.2-3　CMOS IC の入出力電流特性

シリーズ	出力電流（最大値）		入力電流（最大値）	
	I_{OH}[mA]	I_{OL}[mA]	I_{IH}[μA]	I_{IL}[μA]
74HC	-4	4	1	-1
74AHC	-8	8	1	-1

11.2.4　TTL IC と CMOS IC の使用上の注意事項

　TTL IC や CMOS IC では，1 つの IC に複数の同じ論理処理を行う回路が内蔵されている場合がありますので，余った回路の入出力ピンの扱いが問題となる場合があります．入出力ピンの扱いについては，IC の内部回路の構成により，通常は以下のようにされます．

　TTL IC では，次のようになります．

(1) 入力端子はオープン（接続しない場合）には，「H」となる．従って，入力を「H」にしたい場合には入力端子を開放すれば良いことになる．しかし，開放では動作が不安定になる場合があるので，通常はプルアップ抵抗により電源に接続して「H」とする．

(2) 出力端子は直接電源に接続してはいけない．出力が「L」のときに過電流が流れ，ICが破壊される．

(3) 出力端子は直接GND（アース）に接続してもかまわない．

(4) オープンコレクタタイプのTTL ICを除いて，出力端子同士を接続（ワイヤードOR）してはいけない．

一方，CMOS ICでは，次のようになります．

(1) 入力インピーダンスが高いために開放状態では静電破壊や誤動作の原因となるので,使用しない入力端子は目的に応じてGNDあるいは電源に接続して「H」とする．

(2) 出力端子は直接電源に接続してはいけない．出力が「L」のときに過電流が流れ，ICが破壊される．

(3) 出力端子は直接GNDに接続してはいけない．出力が「H」のときにICが破壊される．

(4) トライステートタイプのCMOS ICを除いて出力端子同士を接続（ワイヤードOR）してはいけない．

(5) ラッチアップ電流によるICの破壊に注意する．これに対処するためには，入力に直列に保護抵抗を入れる．

なお，CMOS ICのラッチアップとは，CMOSの電源電圧より高い入力電圧が加わった場合に，ICの基材とPMOSやNMOSの一部がPNPとNPNの寄生トランジスタとして動作し，サイリスタのようにターンオンしてしまう現象で，数百mAの電流が流れます．しかもこの電流は電源を切らない限り流れます．

（問題11-7）TTL ICやCMOS ICのオープンコレクタタイプやトライステートタイプについて調べよ．

11.2.5　TTL ICとCMOS ICとの接続

ロジック回路を設計する場合，TTL IC，CMOS ICなどを混在させることも可能ですが，ファミリによって認識入力電圧，出力保証電圧，出力電流や入力電流などの電気的特性が異なっていることを留意する必要があります．主な留意点には，電圧レベルとファンアウトの2点があります．

まず，TTL IC（74シリーズ）の出力をCMOS IC（74HCシリーズ）の入力に接続する場合を考えてみます．この場合，TTL ICの出力保証電圧とCMOS ICの認識入力

電圧の関係は図 11.2-4 (a)のようになります．ここで問題は，CMOS IC が「H」レベルであることを認識するには 3.5V 以上ないといけないのですが，TTL IC が「H」レベル出力の保証電圧が 2.7V 以上である点です．すなわち，例えば，TTL IC が「H」レベルとして 2.8V の電圧を出力しても，CMOS IC では「H」レベルと認識される保証がありません．このため，通常，図 11.2-5 のように，TTL IC の出力と電源電圧の間に数 k～10k[Ω]の抵抗（**プルアップ抵抗**）を接続します．

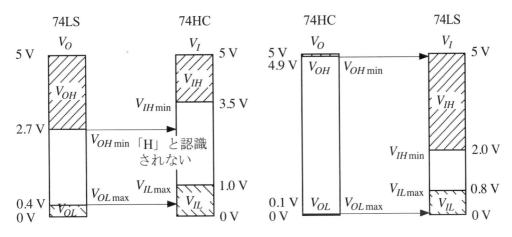

(a) TTL IC から CMOS IC への接続 　　　(b) CMOS IC から TTL IC への接続

図 11.2-4　TTL IC と CMOS IC の接続

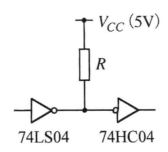

図 11.2-5　プルアップ抵抗

　一方，CMOS IC の出力に TTL IC の入力に接続する場合には，図 11.3-3(b)からわかりますように，電圧レベルの問題はありません．むしろ，ファンアウトが問題となります．例えば，COMS IC（74HC シリーズ）を TTL IC（74 シリーズ）に接続する場合には，ファンアウトの計算は，

　　　　出力 H　$|I_{OH(CMOS)}/I_{IH(TTL)}| = 4/0.04 = 100$

出力 L $\quad \left|I_{OL(CMOS)}/I_{IL(TTL)}\right| = 4/1.6 = 2.5$

となり，2 個の TTL IC しか接続することができません．

(**問題 11-8**) 74HC シリーズの CMOS IC の出力に，(1) 74LS シリーズの TTL IC，(2) 74F シリーズの TTL IC は，何個まで接続できるかを計算せよ．

11．3　正論理と負論理

ディジタル IC では，各ピンの電圧は「H」レベルと「L」レベルの 2 通りのみとして扱っていることはすでに学びました．この電圧レベルを論理的な「1」と「0」に対応づける方法には，

(1) 電圧の「H」レベルを論理的な「1」に，電圧の「L」レベルを論理的な「0」に，

(2) 電圧の「L」レベルを論理的な「1」に，電圧の「H」レベルを論理的な「0」に

対応づける 2 通りが考えられます．前者は**正論理**，後者は**負論理**と呼ばれています．正論理の方が自然に思えますが，論理的な「1」を「意味がある」と解釈しますと，正論理では電圧の高いことに意味があるとなり，負論理では電圧が低いことに意味があるとなります．例えば，ランプが点灯していることに意味があるとするのは正論理で，ランプが消えていることに意味があるとするのは負論理となります．

11.1 節や 11.2 節で示してきました真理値表では，論理的な意味での論理動作を示していました．例えば，負論理での 2 入力の AND 回路および 2 入力の OR 回路の真理値表にピンの電圧レベルを併記しますと，表 11.3-1 のようになります．少々頭が混乱しますので，本書では電圧レベルの「H」を論理的な「1」に割り当てる正論理を主に扱い，負論理についてこれ以上は扱わないこととします．

表 11.3-1　負論理を用いた 2 入力の AND 回路および OR 回路の真理値表

(a) AND 回路

入力		出力
A	B	$X = A \cdot B$
0 (H)	0 (H)	0 (H)
0 (H)	1 (L)	0 (H)
1 (L)	0 (H)	0 (H)
1 (L)	1 (L)	1 (L)

(b) OR 回路

入力		出力
A	B	$X = A + B$
0 (H)	0 (H)	0 (H)
0 (H)	1 (L)	1 (L)
1 (L)	0 (H)	1 (L)
1 (L)	1 (L)	1 (L)

11．4　フリップフロップ回路

11.4.1　ラッチとフリップフロップ

　これまで扱ってきました回路は**組み合わせ回路**と呼ばれ，入力信号が設定されて微小時間経つと，出力yが論理演算で決まる値になりました．すなわち，$x_1, \ldots x_n$を入力とし，fを論理関数とすると，

$$y = f(x_1, x_2, \cdots x_n) \tag{11.4-1}$$

の形で表現することができます．これに対して，その時点での入力だけでなく，過去の入力信号にも依存して出力が決まる回路は**順序回路**と呼ばれます．すなわち，時間の要素が入ってきます．

　基本的な順序回路には**ラッチ**と**フリップフロップ**があります．ラッチは信号を一時的に保持する回路です．フリップフロップも信号を一時的に保持しますが，フリップフロップでは状態変化を指定する信号とともに，状態変化を同時に起こすために同期をはかる**クロック**と呼ばれる信号も入力信号として用います．すなわち，フリップフロップでは，クロックによりタイミングを合わせて状態が変化します．

　ラッチやフリップフロップは時間に依存した動作を行いますので，動作を表すために真理値表だけでなく，ディジタル信号の時間的な変化を表した**タイミングチャート**が用いられます．

11.4.2　R-Sラッチ

　図11.4-1にRSラッチの構成を示します．2つある出力が「Q」と「$\overline{Q}$」と表されていますのは，お互いに反転した出力を意味しています．すなわち，「Q」が「1」のときは「$\overline{Q}$」は「0」となり，「Q」が「0」のときは「$\overline{Q}$」は「1」となります．

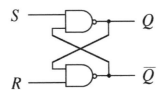

図 11.4-1　RS ラッチの構成

　RS ラッチの動作を表す真理値表は，表 11.4-1 のようになります．表において，入力信号の記号が $\overline{S}$ や $\overline{R}$ となっていますのは，入力「S」や「R」は値が「0」の時に意

味を持つことを表しています．また，保持の場合に出力「Q」と「$\overline{Q}$」がQと$\overline{Q}$と表示されていますのは，出力は変化しないことを表しています．この RS ラッチでは，入力「S」と「R」を同時に「0」とすることは禁止されています．その理由は以下の通りです．

表 11.4-1　RS ラッチの真理値表

	$\overline{S}$	$\overline{R}$	Q	$\overline{Q}$
セット	0	1	1	0
リセット	1	0	0	1
保持	1	1	Q	$\overline{Q}$
禁止	0	0	不定	不定

　図 11.4-1 の RS ラッチにおいては，入力「S」と「R」が同時に「0」となった時に出力「Q」と「$\overline{Q}$」はどちらも「1」となりますが，これは出力「Q」と「$\overline{Q}$」がお互いに反転した出力であることに反しています．しかも，その後同時に入力「S」と「R」が「1」に戻った場合には，出力「Q」が「1」と「0」のどちらになるかが確定しません．入力「S」側の NAND 回路の動作がたまたま速かった場合には出力「Q」は「0」となり，逆に，入力「R」側の NAND 回路の動作がたまたま速かった場合には出力「Q」は「1」となってしまいます．

　禁止入力があることはディジタル回路の設計の上で不都合ですから，図 11.4-2 のような回路構成とすることで，入力「S」あるいは入力「R」のどちらかを優先させる優先機能付きの RS ラッチもあります．例えば，セット優先の RS ラッチでは，入力「S」と入力「R」が同時に「1」となった場合には，入力「S」が「1」の間は，入力「R」側の NAND 回路の上側の入力が「0」となり，NAND 回路の出力は入力「R」の変化に関係なく「1」となり，リセット入力が無効となるように工夫されています．

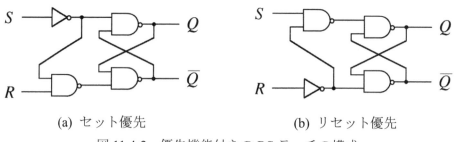

(a) セット優先　　　　　　　　　　(b) リセット優先

図 11.4-2　優先機能付きの RS ラッチの構成

（**問題 11-9**）図 11.4-2 のリセット優先 RS ラッチにおいて，出力「Q」が「1」であるとする．この時，入力「S」と「R」が同時に「1」となった場合の各部の論理値を求め，リセット優先となっていることを確認せよ．

11.4.3　D フリップフロップ

RS ラッチを発展させて，データを保持する機能を持った D ラッチと呼ばれる回路があります．図 11.4-3 にその構成を示します．D ラッチでは，**ストローブ**と呼ばれるコントロール信号によって，データを記憶するかどうかを決めています．

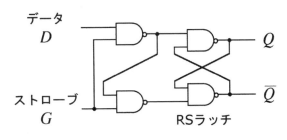

図 11.4-3　D ラッチの構成

　2 入力 NAND 回路の片方の入力を「1」とすると，NAND 回路は NOT 回路となりますので，ストローブが「1」の場合には，D ラッチの等価的な回路は図 11.4-4 (a)となります．この図から，データが「1」であれば出力「Q」は「1」となり，データが「0」であれば出力「$\overline{Q}$」が「1」となって出力「Q」は「0」となります．一方，ストローブが「0」の場合には，等価的な回路は図 11.4-4 (b)の左側の回路となり，どちらの 2 入力 NAND 回路においても，片方の入力は「1」となっていますので，右側の回路に変換できます．この回路には入力とはつながりがありませんので，出力は変化せず，それまでの値を保持することになります．

　D ラッチの動作をタイミングチャートで表しますと，図 11.4-5 のようになります．データの時間変化に比べて，データの記憶をコントロールするストローブ信号の時間的な幅が長い場合を図 11.4-5 (a)に，短い場合を図 11.4-5 (b)に示しています．

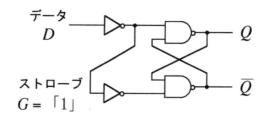

(a) ストローブが「1」のとき

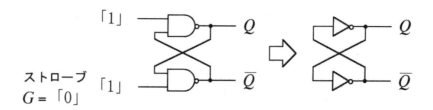

(b) ストローブが「0」のとき

図 11.4-4　ストローブ信号の値による D ラッチの等価的な回路

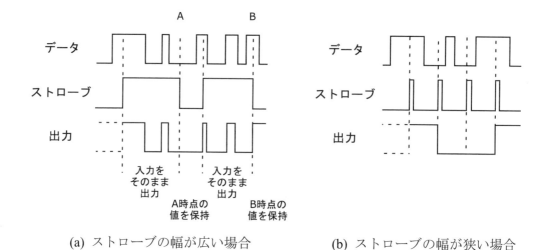

(a) ストローブの幅が広い場合　　　(b) ストローブの幅が狭い場合

図 11.4-5　D ラッチの動作

　D フリップフロップでは，D ラッチのストローブに短い幅のパルスを入力することにより，設定されたデータをパルスの立ち上がりや立ち下がりに同期して記憶します．D フリップフロップの電子回路記号と動作を図 11.4-6 に示します．

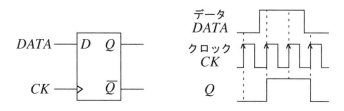

(a) 立ち上がりで動作するもの（アップエッジ動作）

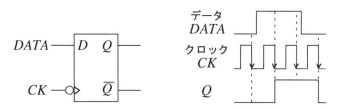

(b) 立ち下がりで動作するもの（ダウンエッジ動作）

図 11.4-6　D フリップフロップの電子回路記号と動作

11.4.4　T フリップフロップ

　T フリップフロップの T はトグル（toggle：同じ操作を繰り返すことにより，機能や状態の ON／OFF を切り替える仕組み）を意味しており，クロックのパルスが入力されるたびに出力が反転します．その動作は，図 11.4-7 に示されます．

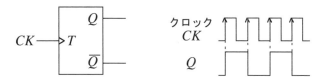

(a) クロックの立ち上がりで動作するもの（アップエッジ動作）

(b) クロックの立ち下がりで動作するもの（ダウンエッジ動作）

図 11.4-7　T フリップフロップの電子回路記号と動作

　図からわかりますように，T フリップフロップの出力はクロック状で，その周波数はクロックの周波数の 1/2 となっています．このため，T フリップフロップは**分周回**

路（高い周波数のクロックから低い周波数のクロックを得る回路）として用いられます．また，数を計数する**カウンタ回路**の基本構成要素となります．なお，T フリップフロップは D フリップフロップを図 11.4-8 のように用いて簡単に構成できます．

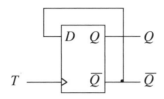

図 11.4-8 D フリップフロップによる T フリップフロップの構成

１１．５ 分周回路，カウンタ回路

11.5.1 非同期 n 進カウンタ回路

カウンタ回路は入力されたパルスの数を計数する回路で，計数値は 2 進数で出力されます．カウンタ回路には，クロックによって各部が同期をとりながら計数する**同期カウンタ回路**と同期をとらない**非同期カウンタ回路**があります．ここでは，回路構成が単純な非同期カウンタ回路を説明します．

例として，非同期 4 進カウンタ回路と非同期 10 進カウンタ回路について，回路図と各部のタイミングチャートを，それぞれ，図 11.5-1 と図 11.5-2 に示します．これらのカウンタ回路では，計数値は D_{n-1} D_{n-2} … D_0 の並びの 2 進数で表されます．n 進カウンタでは，タイミングチャートから分かりますように，パルスの数を 0 から n-1 の数値で繰り返して計数しています．また，非同期 10 進カウンタ回路では，$10=1010_2$ で T フリップフロップすべてにリセットをかけています．なお，リセット時にカウンタ回路の出力が一瞬 $10=1010_2$ となることに注意して下さい．

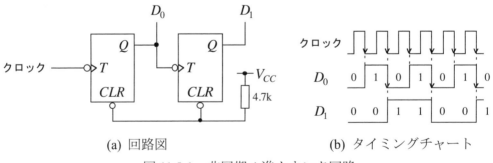

(a) 回路図　　　　　　　　　(b) タイミングチャート

図 11.5-1 非同期 4 進カウンタ回路

190

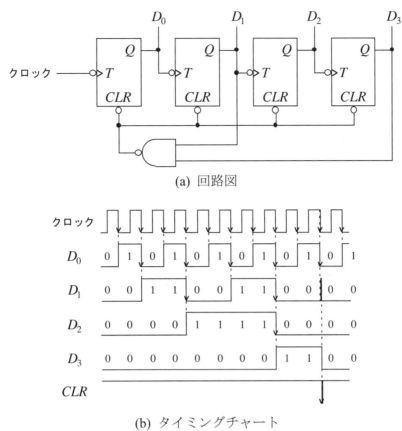

(a) 回路図

(b) タイミングチャート

図 11.5-2　非同期 10 進カウンタ回路

（**問題 11-10**）次の非同期カウンタ回路を設計せよ.

(1) 非同期 16 進カウンタ回路

(2) 非同期 12 進カウンタ回路

11.5.2　分周回路

　分周回路は高い周波数のパルス信号から低い周波数のパルス信号を生成する場合に用いられ, T フリップフロップを用いて構成できます. その例として, 1/4 分周回路と 1/10 分周回路について, 回路図と各部の信号のタイミングチャートを, それぞれ, 図 11.5-3 と図 11.5-4 に示します. T フリップフロップでは, 入力されたクロック周波数の 1/2 の周波数のクロックが出力されますから, T フリップフロップを 2 段とすることで 1/4 分周回路が構成できます. また, 1/10 分周回路では, T フリップフロップを 4 段として, 5 個のパルスが入力された時に, 前 3 段のフリップフロップにリ

191

セットをかけることによって実現しています.

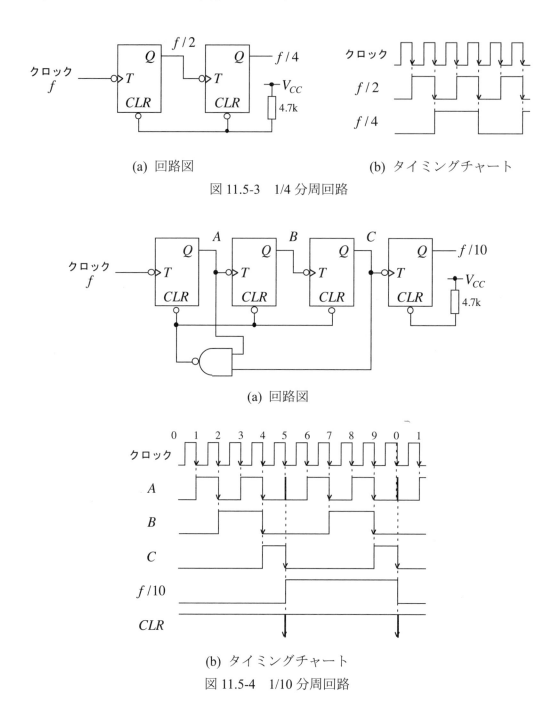

(a) 回路図

(b) タイミングチャート

図 11.5-3　1/4 分周回路

(a) 回路図

(b) タイミングチャート

図 11.5-4　1/10 分周回路

（**問題 11-11**）1/12 分周回路を設計せよ.

11.5.3　n個のパルスを発生する回路

　非同期 n 進カウンタでは，初段の T フリップフロップの出力は入力パルス信号の 1/2 の周波数のパルス信号となっています．ここで，必要個数のパルスが出力された後にパルスが出力されないように付加回路を組み込むことで，n 個のパルスを発生する回路を構成することができます．例として，3 個のパルスを発生する回路の回路図と各部の信号のタイミングチャートを図 11.5-5 に示します．ここでは，最初のフリップフロップが出力するパルスが 3 個となったところで，入力のクロック信号を受け付けなくなるように，ロジック回路を付加しています．

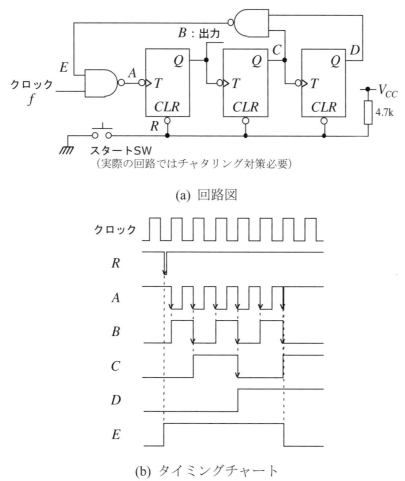

(a) 回路図

(b) タイミングチャート

図 11.5-5　3 個のパルスを発生する回路

（**問題 11-12**）6 個のパルスを発生する回路を設計せよ．

11．6　アナログ回路との組み合わせによる機能回路

11.6.1　パルス遅延回路

　ディジタル回路ではタイミングを調整して信号を入力する必要がある場合があります．もちろん，時間的に信号の変化するタイミングを早めることはできませんが，遅らすことはできます．この場合に用いられる回路がパルス遅延回路です．この回路は，積分回路（例えば，RC 積分回路）とインバータなどを用いて，図 11.6-1 のように構成できます．入力が「L」から「H」，あるいは，「H」から「L」に変化したとき，A 点の電位は RC 積分回路により徐々に上昇あるいは下降します．このため，AND 回路の閾値まで電圧が上昇したり下降したりするまでに多少の時間を要し，図のように入力パルスを時間的に遅らせたパルスが出力されます．

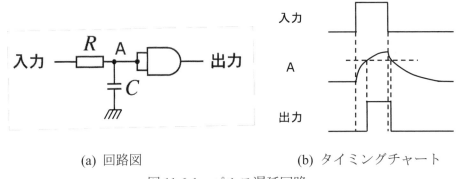

(a) 回路図　　　　　　　　　　(b) タイミングチャート

図 11.6-1　パルス遅延回路

11.6.2　チャタリング防止回路

　機械的な接点を持つキーボードや押しボタンスイッチでは，キーや押しボタンをON/OFF した場合には，接触したり離れたりを何回か繰り返して最終的な状態に落ち着きます．これは**チャタリング**と呼ばれています．このため，図 11.6-2 に示すようなスイッチ回路では，出力電圧V_oに数個のパルスが発生します．例えば，押しボタンを押す回数を計数する場合ですと，このチャタリングに伴うパルスの発生によって，正確な計数ができなくなります．

　そこで，チャタリングを防止する回路が考え出されています．チャタリング防止回路の例を図 11.6-3 に示します．図 11.6-3 (a)では，コンデンサを用いることで，チャタリングによる電圧変動を緩和しています．この回路では，抵抗（47kΩ）とコンデンサ（33μF）で決まる時定数以上の速さの ON・OFF は無効になります．また，図 11.6-3 (b)では，フリップフロップを用いることでチャタリングの影響を除去しています．この回路では，スイッチの端子が反対側の接点に一瞬でも接触すれば，その瞬間にフリ

ップフロップの状態が反転し，その後はもう一度元の接点に触れない限りは反転した状態を保持します.

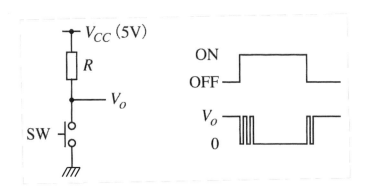

図 11.6-2　スイッチ回路とチャタリング

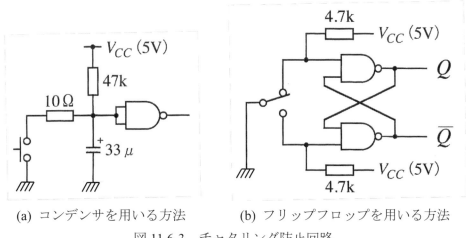

(a) コンデンサを用いる方法　　　(b) フリップフロップを用いる方法

図 11.6-3　チャタリング防止回路

参考文献

[1] 見城尚志, 高橋久, 実用電子回路設計ガイド, 総合電子出版社, 1981.

[2] トランジスタ技術編集部編, わかる電子回路部品完全図鑑, トランジスタ技術 増刊, CQ 出版社, 1998.

[3] 薊利明, 竹田俊夫, わかる電子部品の基礎と活用法, CQ 出版社, 1996.

[4] 丹野頼元, 松本光功, 山沢清人, 坂口博巳, 例題で学ぶ電気・電子・情報回路の 基礎, 森北出版, 1992.

[5] 石橋幸男, 初めて学ぶアナログ電子回路, 総合電子出版社, 1996.

[6] 久保大次郎, トランジスタ ダイオードの使い方, CQ 出版社, 1973.

[7] 黒田徹, 7 石のトランジスタ, トランジスタ技術 1996 年 4 月号, CQ 出版社, 1996.

[8] 久保大次郎, トランジスタ回路の簡易設計, CQ 出版社, 1977.

[9] 雨宮好文, 基礎電子回路演習, オーム社, 1989.

[10] 岡村廸夫, ＯＰアンプ回路の設計, CQ 出版社, 1990.

[11] 宮崎仁, 江藤純, 酒井敏行, 飯田文夫, 基礎からのＯＰアンプ徹底解明, トランジスタ技術 1992 年 7 月号, CQ 出版社, 1992.

[11] 松井邦彦, A-D コンバータ活用 成功のかぎ, CQ 出版, 2010.

[12] 電子情報通信学会, 知識ベース 知識の森 10 群 6 編 アナログ LSI, https://www.ieice-hbkb.org/portal/doc_651.html, （2021.12 参照）

[13] 和保孝夫, アナログ／ディジタル変換入門, コロナ社, 2019.

[14] 白土義男, 図解 ディジタル IC のすべて, 東京電機大学出版局, 1984.

[15] 松田勲, 伊原充博, よくわかるディジタル IC 回路の基礎, 技術評論社, 1999.

問題略解

第2章

（問題 2-1）

(a) $\dfrac{90}{7} = 12.9$ Ω　　(b) 7.5 Ω　　(c) 5 Ω

（問題 2-2）

$R_1 + R_2 = R_{12} //(R_{23} + R_{31})$，　$R_2 + R_3 = R_{23} //(R_{31} + R_{12})$，　$R_3 + R_1 = R_{31} //(R_{12} + R_{23})$ から

$R_1 = \dfrac{R_{31}R_{12}}{R_{12} + R_{23} + R_{31}}$，　$R_2 = \dfrac{R_{12}R_{23}}{R_{12} + R_{23} + R_{31}}$，　$R_3 = \dfrac{R_{23}R_{31}}{R_{12} + R_{23} + R_{31}}$

（問題 2-3）

2.2 kΩ：赤赤赤金，　10 kΩ：茶黒橙金，　470 kΩ：黄紫黄金

（問題 2-4）

$\dfrac{20}{3} = 6.7$ μF

（問題 2-5）

$\dfrac{C_2}{C_1 + C_2} V$

第3章

（問題 3-1）

$\dfrac{R_1}{R_1 + R_2} V$　と　$\dfrac{R_2}{R_1 + R_2} V$

（問題 3-2）

(a) R_1，R_2，R_3 に流れる電流を，上向きを正にとり，それぞれ，i_1，i_2，i_3 とおくと，キルヒホッフの法則より，

$R_1 i_1 - R_2 i_2 = E_1$

$R_3 i_3 - R_2 i_2 = E_3$

$i_1 + i_2 + i_3 = 0$

方程式を解いて，

$$i_1 = \frac{(R_2 + R_3)E_1 - R_2 E_3}{R_1 R_2 + R_2 R_3 + R_3 R_1}, \quad i_2 = \frac{-R_3 E_1 - R_1 R_3}{R_1 R_2 + R_2 R_3 + R_3 R_1}, \quad i_3 = \frac{-R_2 E_1 + (R_1 + R_2)E_3}{R_1 R_2 + R_2 R_3 + R_3 R_1}$$

(b) R_1, R_2, R_3 に流れる電流を，上向きを正にとり，それぞれ，i_1，i_2，i_3 とおくと，

キルヒホッフの法則より，

$$R_1 i_1 - R_2 i_2 = E_1 - E_2$$

$$R_3 i_3 - R_2 i_2 = E_3 - E_2$$

$$i_1 + i_2 + i_3 = 0$$

方程式を解いて，

$$i_1 = \frac{R_3(E_1 - E_2) + R_2(E_1 - E_3)}{R_1 R_2 + R_2 R_3 + R_3 R_1}, \quad i_2 = \frac{R_1(E_2 - E_3) + R_3(E_2 - E_1)}{R_1 R_2 + R_2 R_3 + R_3 R_1},$$

$$i_3 = \frac{R_1(E_3 - E_2) + R_2(E_3 - E_1)}{R_1 R_2 + R_2 R_3 + R_3 R_1}$$

(問題 3-3)

(1) R_1，R_2，R_5 に流れる電流を，右向きあるいは下向きを正にとり，それぞれ，i_1，i_2，i_5 とおくと，

キルヒホッフの法則より，

$$R_1 i_1 + R_3(i_1 - i_5) = E$$

$$R_2 i_2 + R_4(i_2 + i_5) = E$$

$$R_1 i_1 + R_5 i_5 - R_2 i_2 = 0$$

方程式を解いて，

$$i_5 = \frac{R_2 R_3 - R_1 R_4}{(R_2 + R_4)R_1 R_3 + (R_1 + R_3)R_2 R_4 + (R_1 + R_3)(R_2 + R_4)R_5} E$$

(2) $R_1 R_4 = R_2 R_3$

(問題 3-4)

上（左）から順に抵抗に流れる電流を，右向きあるいは下向きを正にとり，それぞれ，i_1，i_2，i_3，i_4 とおくと，

キルヒホッフの法則より，

$$R i_1 + R_L(i_1 + i_3) = E$$

$$R i_2 + R i_3 + R_L(i_1 + i_3) = E$$

$$R i_2 + R(i_2 - i_3) = E$$

方程式を解いて，

$$i_1 + i_3 = \frac{4R_L}{3R + 5R_L}E$$

(問題 3-5)

電流は下向きを正にとり，電圧源 E_1 だけを考慮すると

$$i_{31} = \frac{E_1}{R_1 + R_2 // R_3} \cdot \frac{R_2}{R_2 + R_3}$$

電源 E_2 だけを考慮すると

$$i_{32} = \frac{E_2}{R_2 + R_1 // R_3} \cdot \frac{R_1}{R_1 + R_3}$$

電源 E_3 だけを考慮すると

$$-i_{33} = \frac{E_3}{R_3 + R_1 // R_2}$$

R_3 に流れる電流 i_3 は，

$$i_3 = i_{31} + i_{32} + i_{33} = \frac{R_1 E_2 + R_2 E_1 - (R_1 + R_2)E_3}{R_1 R_2 + R_2 R_3 + R_3 R_1}$$

第 4 章

(問題 4-1)

(1) v_2 が v_1 より $\dfrac{\pi}{6}$ 進んでいる　　(2) v_2 が v_1 より $\dfrac{\pi}{2}$ 進んでいる

(3) v_1 が v_2 より $\dfrac{\pi}{3}$ 進んでいる

(問題 4-2)

$$V_m \sin\left(\omega t - \frac{\pi}{12}\right)$$

(問題 4-3)

(1) $\dfrac{V_m}{\sqrt{2}}$　　(2) $\dfrac{V_m}{\sqrt{2}}$

(問題 4-4)

コンデンサを流れる電流は，

$$i = \frac{dq}{dt} = \frac{d}{dt}(Ce) = \frac{d}{dt}(CE_m \sin\omega t) = \omega C E_m \cos\omega t$$

となるから，電流は電圧より $\dfrac{\pi}{2}$ 進む.

また，コンデンサで消費される平均電力は，

$$P = \frac{1}{T}\int_0^T e \cdot i\, dt = \frac{1}{T}\int_0^T \omega C E_m^2 \sin\omega t \cos\omega t\, dt = \frac{1}{T}\int_0^T \frac{\omega C E_m^2}{2}\sin 2\omega t\, dt = 0$$

（問題 4-5）

回路方程式は，

$$Ri + \frac{1}{C}\int i\, dt = E_m \sin\omega t$$

微分方程式を解いて

$$i = \sqrt{\dfrac{1}{R^2 + \left(\dfrac{1}{\omega C}\right)^2}}\, E_m \sin(\omega t - \varphi)$$

ただし，$\varphi = \tan^{-1}\left(-\dfrac{1}{\omega C R}\right)$

（問題 4-6）

$$\frac{z_1}{z_2} = \frac{r_1 e^{j\theta_1}}{r_2 e^{j\theta_2}} = \frac{r_1(\cos\theta_1 + j\sin\theta_1)}{r_2(\cos\theta_2 + j\sin\theta_2)} = \frac{r_1}{r_2}\cdot\frac{(\cos\theta_1 + j\sin\theta_1)(\cos\theta_2 - j\sin\theta_2)}{(\cos\theta_2 + j\sin\theta_2)(\cos\theta_2 - j\sin\theta_2)}$$

$$= \frac{r_1}{r_2}\cdot\left\{(\cos\theta_1\cos\theta_2 + \sin\theta_1\sin\theta_2) + j(\sin\theta_1\cos\theta_2 - \sin\theta_2\cos\theta_1)\right\}$$

$$= \frac{r_1}{r_2}\cdot\left\{\cos(\theta_1 - \theta_2) + j\sin(\theta_1 - \theta_2)\right\} = \frac{r_1}{r_2}e^{j(\theta_1 - \theta_2)}$$

（問題 4-7）

回路に成り立つ方程式は，

$$\dot{E} = R\dot{I} + \frac{1}{C}\int \dot{I}\, dt = \left(R + \frac{1}{j\omega C}\right)\dot{I}$$

これから，

$$\dot{I} = \frac{1}{R - j\dfrac{1}{\omega C}}\dot{E} = \frac{R + j\dfrac{1}{\omega C}}{R^2 + \left(\dfrac{1}{\omega C}\right)^2}\dot{E}$$

従って，

200

$$i = \sqrt{\dfrac{1}{R^2 + \left(\dfrac{1}{\omega C}\right)^2}}\, E_m \sin(\omega t - \varphi)$$

ただし，$\varphi = \tan^{-1}\left(-\dfrac{1}{\omega CR}\right)$

第5章

（問題 5-1）

(a) $\begin{bmatrix} 1 + j\omega CR & R \\ j\omega C & 1 \end{bmatrix}$　　(b) $\begin{bmatrix} 1 + \dfrac{1}{j\omega CR} & \dfrac{1}{j\omega C} \\ \dfrac{1}{R} & 1 \end{bmatrix}$

(c) $\begin{bmatrix} \dfrac{C_1 R_1}{j\omega}\left\{ (j\omega)^2 + \dfrac{C_1 R_1 + C_2 R_2 + C_2 R_1}{C_1 C_2 R_1 R_2}(j\omega) + \dfrac{1}{C_1 C_2 R_1 R_2} \right\} & \dfrac{1}{j\omega}\left\{ \dfrac{(C_1 + C_2)R_1(j\omega) + 1}{C_2} \right\} \\ \dfrac{C_1 C_2 R_2 (j\omega) + (C_1 + C_2)}{C_2 R_2} & \dfrac{(C_1 + C_2)}{C_2} \end{bmatrix}$

（問題 5-2）

(a) $F = \begin{bmatrix} 1 + \dfrac{j\omega L}{R} & j\omega L \\ \dfrac{1}{R} & 1 \end{bmatrix}$　より，　$G(j\omega) = \dfrac{1 - j\dfrac{\omega L}{R}}{1 + \left(\omega \dfrac{L}{R}\right)^2}$

$g = -10 \log\left\{ 1 + \left(\omega \dfrac{L}{R}\right)^2 \right\}$，　$\varphi = \tan^{-1}\left(-\dfrac{\omega L}{R}\right)$

従って，

ω	g	φ
$\to 0$	$\to 0$	$\to 0°$
$\omega \dfrac{L}{R} = 1$	-3.01	$-45°$
$\to \infty$	$\to -\infty$	$\to -90°$

(b) $F = \begin{bmatrix} 1+\dfrac{R}{j\omega L} & R \\[2ex] \dfrac{1}{j\omega L} & 1 \end{bmatrix}$ より， $G(j\omega) = \dfrac{1+j\dfrac{R}{\omega L}}{1+\left(\dfrac{R}{\omega L}\right)^2}$

$$g = -10\log\left\{1+\left(\dfrac{R}{\omega L}\right)^2\right\}, \quad \varphi = \tan^{-1}\left(\dfrac{R}{\omega L}\right)$$

従って，

ω	g	φ
$\to 0$	$\to -\infty$	$\to 90°$
$\omega\dfrac{L}{R}=1$	-3.01	$45°$
$\to \infty$	$\to 0$	$\to 0°$

(問題 5-3)

回路方程式は，

$$L\dfrac{di}{dt}+Ri = V_i$$

これを，初期条件 $t=0$ で $i=0$ の下で解くと

$$e_o = Ri = V_i\left(1-e^{-\frac{R}{L}t}\right)$$

(問題 5-4)

回路方程式は，

$$L\dfrac{di}{dt}+Ri = V_i$$

これを，初期条件 $t=0$ で $i=0$ の下で解くと

$$e_o = L\dfrac{di}{dt} = V_i e^{-\frac{R}{L}t}$$

(問題 5-5)

回路方程式は，

$$Ri+\dfrac{1}{C}\int i\,dt = 0$$

これを，初期条件 $t=0$ で $q=\int i\,dt = CV_i$ の下で解くと

$$e_o = \frac{q}{C} = V_i e^{-\frac{1}{CR}t}$$

(問題 5-6)

回路方程式は,

$$Ri + \frac{1}{C}\int i\,dt = 0$$

これを, 初期条件 $t = 0$ で $q = \int i\,dt = CV_i$ の下で解くと

$$e_o = R\frac{dq}{dt} = -V_i e^{-\frac{1}{CR}t}$$

第6章

(問題 6-1)

略（図 6.2-2 に基づいて説明）

(問題 6-2)

ゲルマニウムダイオードは順方向電圧降下は小さいが, 逆方向の抵抗がそれ程大きくない. シリコンダイオードは順方向電圧降下がやや大きいが, 逆方向に流れる電流が非常に小さい.

(問題 6-3)

音響機器（インジケータに用いられている），赤外線リモコン（赤外線発光ダイオードによる通信），交通信号機（信号表示），など.

(問題 6-4)

略（図 6.4-2 に基づいて説明）

(問題 6-5)

略（図 6.4-4 に基づいて説明）

(問題 6-6)

トランジスタの等価回路には,

  (1) 直流等価回路

  (2) 小信号等価回路

    (2.1) h パラメータ : 低周波回路に使用される

(2.2) y パラメータ：高周波回路に使用される

(2.3) T型等価回路（最近はあまり使われない）

があり，それぞれ，エミッタ接地，ベース接地，コレクタ接地によって回路定数が異なっている．（それぞれの等価回路の詳細は略）

第7章

（問題 7-1）

図 7.1-1 の回路構成とし，例えば $R = 200$ Ω とする（発光ダイオードを流れる電流は 15 mA）．

（問題 7-2）

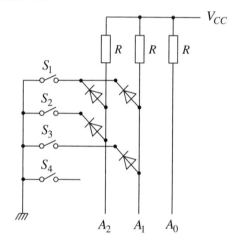

（問題 7-3）

例えば，1チップマイコン用のキーマトリクス回路では，縦と横の信号線の交差する場所に図に一部を示すように押しボタンスイッチが配置されている．押されたスイッチは，図の横の信号線を順次 Low レベルにしていき，縦の信号線の値（Low あるいは High）により判定している．

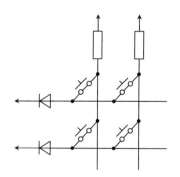

第９章

（問題 9-1）

$$R_2 = 1\,[\mathrm{M}\,\Omega],\quad R_3 = 91\,[\mathrm{k}\,\Omega]$$

（問題 9-2）

バーチャルショートより

$$e_n = \frac{R_1}{R_1 + R_2}e_o = e_p = e_i$$

が成り立つ．これから，

$$A_v = \frac{e_o}{e_i} = \frac{R_1 + R_2}{R_1} = 1 + \frac{R_2}{R_1}$$

（問題 9-3）

バーチャルショートより

$$e_n = e_{i1} - \frac{R_2}{R_2 + R_f}(e_{i1} - e_o) = e_p = \frac{R_3}{R_1 + R_3}e_{i2}$$

が成り立つ．これから，

$$e_o = -\frac{R_2 + R_f}{R_2}\left(\frac{R_f}{R_2 + R_f}e_{i1} - \frac{R_3}{R_1 + R_3}e_{i2}\right)$$

（問題 9-4）

初段のゲインを 30，二段目のゲインを 20 とする反転増幅回路を二段接続した増幅回路とする．回路図例は下図のようになる．

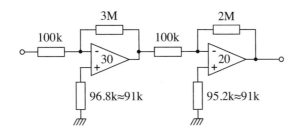

第１０章

（問題 10-1）

雑音は一般に周波数が高いので，例えば，第５章で出てきたローパスフィルタが雑音除

去回路として使われる.

ローパスフィルタを用いる場合には, 雑音に比べて信号の周波数が低いことが必要である.

(問題 10-2)

「H」や「L」に信号が変化するタイミングが少しずれるが, 信号の変化は復元できる. この問題が表面化しないために, 多くのディジタル回路ではクロックに合わせて信号の状態が変化する同期式で動作している.

(問題 10-3)

2 進数の各桁は2^iを表すので, 10 進数の$(51)_{10}$を 2 進数に変換する場合, 2 で割った際の余りを見れば良い.

$$51 / 2 \quad 余り 1$$
$$= 25 / 2 \quad 余り 1$$
$$= 12 / 2 \quad 余り 0$$
$$= 6 / 2 \quad 余り 0$$
$$= 3 / 2 \quad 余り 1$$
$$= 1 / 2 \quad 余り 1$$
$$(= 0)$$

より, $(110011)_2$.

また, 2 進数の各桁は2^iに対応しているので, $(110011)_2$を 10 進数に変換すると,

$$1 \cdot 2^5 + 1 \cdot 2^4 + 0 \cdot 2^3 + 0 \cdot 2^2 + 1 \cdot 2^1 + 1 \cdot 2^0 = (51)_{10}.$$

$(43)_{10}$を 2 進数に変換する場合も同様に,

$$43 / 2 \quad 余り 1$$
$$= 21 / 2 \quad 余り 1$$
$$= 10 / 2 \quad 余り 0$$
$$= 5 / 2 \quad 余り 1$$
$$= 2 / 2 \quad 余り 0$$
$$= 1 / 2 \quad 余り 1$$
$$(= 0)$$

より, $(101011)_2$.

（問題 10-4）

回路図は以下の通りである.

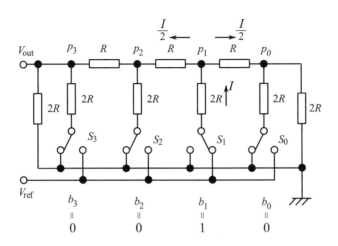

図より, 1 となるスイッチのみが接続（その他は接地）され, S_2 に接続されている抵抗に電流 I が流れているとすると, p_2 の左側の R の抵抗に $I/2$ の電流が流れる. この電流は p_1 で左と下に同じ電流（$I/4$）で分岐する. p_0 でも同様に繰り返すと, 左端の $2R$ の抵抗には $I/8$ の電流が流れ, 従って, $V_\text{out} = 2R \cdot I/8$ となることがわかる. ここで, p_2 の両側には $2R$ の抵抗がそれぞれ接続されて接地されているとみなすことができるため $I = V_\text{ref}/3R$ となる. したがって,

$$V_\text{out} = \frac{2}{24} V_\text{ref} = \frac{1}{12} V_\text{ref}$$

第 11 章

（問題 11-1）

入力		出力
A	B	X
0	0	0
0	1	1
1	0	1
1	1	1

（問題 11-2）

$A \cdot (B+C) = A \cdot B + A \cdot C$

A	B	C	$B+C$	$A \cdot (B+C)$
0	0	0	0	0
0	0	1	1	0
0	1	0	1	0
0	1	1	1	0
1	0	0	0	0
1	0	1	1	1
1	1	0	1	1
1	1	1	1	1

$A \cdot B$	$A \cdot C$	$A \cdot B + A \cdot C$
0	0	0
0	0	0
0	0	0
0	0	0
0	0	0
0	1	1
1	0	1
1	1	1

$A + B \cdot C = (A+B) \cdot (A+C)$

A	B	C	$B \cdot C$	$A + B \cdot C$
0	0	0	0	0
0	0	1	0	0
0	1	0	0	0
0	1	1	1	1
1	0	0	0	1
1	0	1	0	1
1	1	0	0	1
1	1	1	1	1

$A+B$	$A+C$	$(A+B) \cdot (A+C)$
0	0	0
0	1	0
1	0	0
1	1	1
1	1	1
1	1	1
1	1	1
1	1	1

（問題 11-3）

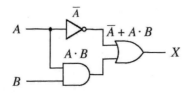

（問題 11-4）

(1)

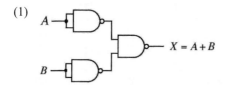

(2)

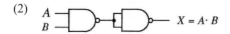

208

(3)

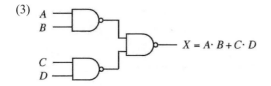

$$X = A \cdot B + C \cdot D$$

（問題 11-5）

　表 11.2-1 に掲載のもの以外にも，TTL としては L シリーズ，H シリーズ，AS シリーズなどもある．CMOS としては 74AHC/AHCT/VHC/VHCT シリーズ，74LV/LVX/LVQ シリーズなどもある．また，単一電源で動作し，内部を CMOS 回路により構成することで電力消費を抑えながら，出力段は大電流ドライブが可能な TTL 回路になっている BiCMOS の 74BC/BCT シリーズもある．

（問題 11-6）

　74HC/74AC シリーズ：「H」1.4 [V]，「L」0.9 [V]

　74HCT シリーズ：　　「H」2.9 [V]，「L」0.7 [V]

（問題 11-7）

　オープンコレクタタイプ：通常の TTL のトーテムポール型ではなく，トランジスタのコレクタが出力端子になっている．これにより，オープンコレクタタイプの TTL の出力端子同士を接続すると，接続した TTL の出力の OR を得る（ワイヤード OR する）ことができる．

　トライステートタイプ：出力「H」と「L」に加えてハイインピーダンス状態の 3 つの出力状態を持っている．これにより，ハイインピーダンス状態を出力している TTL や CMOS を電気的に切り離すことができる．しかしながら，入力端子に接続されている全ての出力端子がハイインピーダンス状態になると，入力端子には電気的に何も接続されていない状態となり，電磁誘導等によって誤動作や素子破壊の可能性がある．このため，この入力端子はプルアップまたはプルダウンしておくことが必要である．

（問題 11-8）

　(1) 10 個　　　(2) 6 個

(問題 11-9)

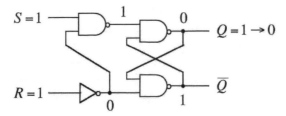

(問題 11-10)

(1)

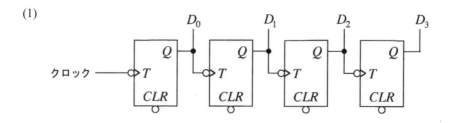

(2)

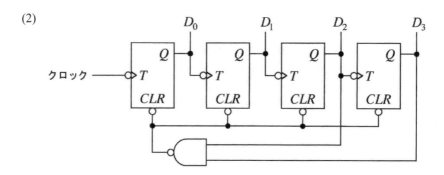

(問題 11-11)

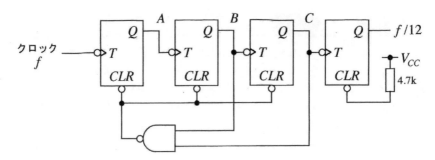

（問題 11-12）

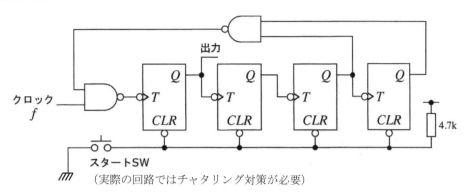

スタートSW
（実際の回路ではチャタリング対策が必要）

索引

と

217

■著者紹介

五福 明夫（ごふく あきお）

1957年	大阪市生まれ
1981年 3月	京都大学工学部電気工学第二学科卒業
1983年 3月	京都大学大学院工学研究科電気工学第二専攻修士課程修了
1984年 3月	同博士課程中退
1984年 4月	京都大学原子エネルギー研究所助手
1994年12月	岡山大学工学部機械工学科助教授
1996年 4月	岡山大学工学部システム工学科助教授
1998年12月	岡山大学工学部システム工学科教授
2005年 4月	岡山大学大学院自然科学研究科教授
2018年 4月	岡山大学大学院ヘルスシステム統合科学研究科教授
2021年 4月	岡山大学学術研究院ヘルスシステム統合科学学域教授

ヒューマンインタフェース，メカトロニクス，システム工学，人工知能，ロボティクスなどに興味を持つ.
日本機械学会，日本原子力学会，ヒューマンインタフェース学会，日本AEM学会，システム制御情報学会，計測自動制御学会，人工知能学会，電気学会など会員.

芝軒 太郎（しばのき たろう）

1986年	高松市生まれ
2008年 3月	徳島大学工学部知能情報工学科卒業
2010年 3月	広島大学大学院工学研究科博士課程前期複雑システム工学専攻修了
2011年 4月	日本学術振興会特別研究員（DC2）
2012年 9月	広島大学大学院工学研究科博士課程後期システムサイバネティクス 専攻修了
2012年10月	日本学術振興会特別研究員（PD）
2013年 4月	広島大学大学院工学研究院特任助教
2014年 4月	茨城大学工学部助教
2016年 4月	茨城大学工学部講師
2018年 4月	茨城大学大学院理工学研究科工学野講師
2020年 4月	茨城大学大学院理工学研究科工学野准教授
2021年 4月	岡山大学学術研究院自然科学学域准教授

生体信号，ヒューマンインタフェース，メカトロニクス，医用福祉工学・ロボティクスなどに興味を持つ.
IEEE，計測自動制御学会，日本ロボット学会，ライフサポート学会，日本発育発達学会など会員.

第3版 基礎 電気・電子回路解析

2005年10月20日 初 版第1刷発行
2014年 4月20日 第2版第1刷発行
2022年 3月22日 第3版第1刷発行

■著 者 ──── 五福 明夫・芝軒 太郎
■発 行 者 ──── 佐藤 守
■発 行 所 ──── 株式会社 大学教育出版
　　　　　　　　〒700-0953 岡山市南区西市 855-4
　　　　　　　　電話 (086) 244-1268　FAX (086) 246-0294
■印刷製本 ──── モリモト印刷 ㈱

ISBN978 - 4 - 86692 - 192 - 1